普通高等教育"十三五"规划教材——应用热工学系列

应 用 燃 烧 学

主　编　李爱琴
副主编　熊　燕　俞接成

U0264240

中国石化出版社

内 容 提 要

本书为普通高等教育"十三五"规划教材——应用热工学系列之一，主要介绍了燃料的基本性质、燃烧的基本原理、燃烧设备的基本工作过程、燃烧数值模拟以及燃烧污染控制等方面相关的专业知识。

本书适合作为能源与动力工程类本科专业 32~40 学时的应用燃烧学教材，也可以作为职业院校学生及其他相关人员的参考用书。

图书在版编目（CIP）数据

应用燃烧学/李爱琴主编 . —北京：中国石化出版社，2019.7

普通高等教育"十三五"规划教材 . 应用热工学系列
ISBN 978-7-5114-5395-2

Ⅰ. ①应… Ⅱ. ①李… Ⅲ. ①燃烧学-高等学校-教材 Ⅳ. ①O643.2

中国版本图书馆 CIP 数据核字（2019）第 132552 号

中国石化出版社出版发行

地址：北京市东城区安定门外大街 58 号
邮编：100011　电话：(010)57512500
发行部电话：(010)57512575
http://www.sinopec-press.com
E-mail:press@sinopec.com
北京富泰印刷有限责任公司印刷
全国各地新华书店经销
*
787×1092 毫米 16 开本 10 印张 240 千字
2019 年 7 月第 1 版　2019 年 7 月第 1 次印刷
定价：35.00 元

前言
Preface

应用燃烧学是能源与动力工程专业的一门专业选修课。能源与动力工程专业是重基础、宽口径的专业，能够为我国石化、电力、能源和暖通等行业输送从事热工设备、动力工程、暖通空调、热电冷联产、新能源及节能技术的设计、制造、运行、管理、营销等方面工作的应用型高级工程技术人才。鉴于此，作者根据能源与动力工程专业应用燃烧学课程教学大纲编写了本书。

由于各行各业中使用的燃料多种多样，涉及的燃烧问题十分广泛，为适应各方面的需要，本书着重阐述了固体、液体和气体燃料的燃料特性以及它们燃烧的基本规律，并在此基础上介绍工程中各种典型的燃烧技术和燃烧设备、燃烧数值模拟、燃烧污染及控制方面的知识。书中内容较为全面，适用性比较广。

本书的绪论、第1~4章及第6章由李爱琴编写，第5章由熊燕编写，附录由俞接成编写。全书由李爱琴统稿，俞接成对本书的编写提出了许多宝贵意见，对书稿的完善给予了很大的帮助。本书在编写过程中也得到相关院校领导和教师的大力帮助，在此表示衷心感谢。

由于编者水平有限，加之当今实验技术及数值模拟技术的快速发展，书中错误或不妥之处在所难免，恳请读者批评指正。

目 录

绪　论

　　燃烧是目前人类获取能量最主要的手段。通过燃烧矿物燃料所获取的能量占世界总能量消耗的90%以上，因此燃烧过程组织得合理与否在很大程度上影响到能源是否得到合理利用和能耗是否得到降低。鉴于我国的现实情况，各种热力设备中燃烧效率与能源利用程度普遍较低，燃料消耗量较大，因而迫切需要加强燃烧的理论研究与提高组织燃烧的技术水平。

　　燃烧学是一门研究燃烧现象、实践和理论的科学。燃烧涉及化学、热力学、传热传质学和流体力学等诸多方面的内容，是一个复杂的过程。燃烧学是一门正在发展中的学科。能源、航空航天、环境工程和火灾防治等方面都提出了许多有待解决的重大问题，诸如高强度燃烧、低品位燃料燃烧、煤浆（油-煤，水-煤，油-水-煤等）燃烧、流化床燃烧、催化燃烧、渗流燃烧、燃烧污染物排放和控制及火灾起因和防治等。燃烧学的进一步发展将与紊流理论、多相流体力学、辐射传热学和复杂反应的化学动力学等学科的发展相互渗透、相互促进。

　　（1）燃烧学发展简史

　　在古希腊神话中，火是普罗米修斯（Prometheus）为了拯救人类，从天上偷来送到人间的，它是神的赐予。在我国的神话中，火是燧人氏钻木取得，是人类的创造。但这些终究还是神话与传说，没能揭开火的本质。

　　由于燃烧的复杂性，人类对火的认识长期处于无知状态，把物质能否燃烧归之于物质中是否含有一种"燃素"。直到18世纪中叶，Jiomohocob和Lavoisier根据所作的实验提出了物质氧化的概念，这才真正揭开了火的谜团。19世纪中叶，Hess，Kirchoff发展了热化学和化学热力学，把燃烧根据反映动力学体系来研究，阐明了燃烧学、燃烧产物和燃烧温度的有关规律，形成了燃烧静力学。此后，工业革命推动了化学科学的发展，随着原子、分子学说的建立，热化学、热力学、化学热力学和化学动力学得到较大发展，将燃烧推向了新的阶段。20世纪初~30年代，美国化学家刘易斯（B. Uwis）和苏联化学家谢苗诺夫（В·Н·Cemehob）等人研究了燃烧的反应动力学机理，认为燃烧的化学反应动力学是影响燃烧速率的重要因素，并发现燃烧反应具有链锁反应的特点，并根据化学动力学和传热传质学的观点，建立了着火及火焰传播理论。50年代后期~60年代，美国力学家冯·卡门（Von Karman）和我国力学家钱学森首次倡议用连续介质力学方法来研究燃烧现象，并逐渐发展成"反应流体力学"。许多学者根据这一方法对一系列燃烧问题，如层流燃烧、湍流燃烧、火焰稳定等进行了广泛的研究。到了70年代，随着大型电子计算机的出现，英国科学家斯波尔丁（D·B·Spalding）等人比较系统地把计算流体力学的方法用于燃烧研究，建立了"计算燃烧学"。通过计算燃烧学能够解决边界层流动、回流流动以及漩流流动等燃烧问题的数值计算，计算燃烧学能够定量预测燃烧过程和燃烧设备性能，使燃烧理论及其应用达到了一个新的高度。目前计算燃烧学已应用于气体燃料燃烧、液雾燃烧、煤粉燃烧的研究，并取得了进展。燃烧测试方面逐渐采用先进的测试技术（如激光技术），改进了燃烧实验方法和提高了测试精度，使人们能更深入地、全面地、精确地研究和掌握各种燃烧现象的机理，使燃烧学在深度和广度等方面有了飞跃的进展。与此同时，激光技术与各种气体分析技术的发展，使人们有可能直接测量燃烧条件下的气体速度、温度、组分浓度及燃料颗粒速度、浓度和尺寸分布，从而对燃烧机理的研究发展到更高阶段。

由上可见，燃烧是一门古老而年轻的学科，人类在几千年甚至几万年以前就已经在应用了。对燃烧本质和燃烧规律的认识，是在最近一、二百年特别是最近几十年才有了较大的发展。目前燃烧的应用已经遍及动力、冶金、石油、化工、交通运输、机械制造、纺织、造纸、食品、国防以及人民生活的各个领域。

（2）燃烧学的应用

燃烧学是由热力学、化学动力学、流体力学、热质交换以及一定程度的数学有机组成的一门内容丰富而且实用性很强的学科。燃烧科学的研究主要从两方面进行，一方面是燃烧理论的研究，主要研究燃烧过程所涉及的各种基本现象；另一方面是燃烧技术的研究，主要是应用燃烧理论解决工程中各种实际燃烧问题，通过燃烧基本理论和实验研究，以及对燃烧技术的分析与改进以促进对新的燃烧技术的探索与研究等，务求合理地、有效地组织和控制燃烧过程，选用最适宜的燃烧方法与燃烧装置。以提高燃烧效率，节约能源。燃料燃烧时，除了发出光与热外还会散发出大量的烟尘、灰分、有害与无害的气体以及臭味与噪声，有时还有未经燃烧的部分燃料随着烟气被排放出来。燃烧排放物会污染环境，会妨害人们的健康和动植物的生长，为此，应积极开展对燃烧污染物形成机理的研究，探索通过改变燃烧工艺、精心控制燃烧过程以减少或消除污染物排放的有效方法。

（3）燃烧与国民经济和能源的关系

燃烧在工程中应用十分广泛，在动力生产方面：人类所需的动力生产几乎都牵涉到固体、液体或气体燃料的燃烧。它涉及的领域很广，从火箭、航空发动机到民用锅炉、燃气轮机、冶金炉、工业炉、内燃机、防火及大气污染等，都存在大量的燃烧问题。

以上是从燃料燃烧在工程中的地位这一角度说明研究燃烧的重要性。下面再从能量消耗的角度来说明研究燃烧学的重要性。

我国是一个能源资源比较丰富的国家，截至 2018 年底，煤的探明量达 16666.73 亿吨，居世界第三位；石油的储量 1015 亿桶，居世界第七位；天然气的储量 5.5 万亿立方米。下表列出了我国 1983 年/2000 年/2018 年能源消费结构情况。

我国 1983 年/2000 年/2018 年能源消费结构情况 %

年份	煤	石油	天然气	水电	核电和新能源
1983	71.6	21.3	2.3	4.8	—
2000	71.0	20.3	2.8	5.9	
2018	59.0	18.7	7.8	8.2	6.3

从上表看出：

（1）我国能源消费结构中，矿物燃料比重占绝大部分，但与美国、苏联相比，能源消耗结构比重占第一位的是煤，石油占第二位。

（2）我国能源消费结构变化趋势为天然气、水电、核电及新能源比重略有增加，煤和石油比重略有下降。

综上所述，燃烧学应用广泛且理论体系复杂，认真学习应用燃烧学理论并不断将之应用于工程实践，对节约能源降低环境污染有着非常重要的意义。

1 燃料

矿物燃料按其物态分为固体燃料、液体燃料和气体燃料。按制取方式分为一次燃料和二次燃料。常用燃料见表1-1。

表1-1　常用燃料类别

类别	一次燃料	二次燃料
固体燃料	无烟煤、烟煤、褐煤、泥煤、煤矸石等	焦炭、煤粉等
液体燃料	原油	重油、重柴油、轻柴油、渣油、调混燃料油等
气体燃料	天然气	焦炉煤气、发生炉煤气、液化石油气等

本章主要介绍工业上应用较为广泛的固、液、气体燃料的组成及其性质。

1.1　固体燃料

矿物燃料按其物态可分为固态、液态和气态三类燃料。固态燃料包括天然燃料和人造燃料。其中天然燃料有煤、木柴、油页岩和煤矸石。人造燃料有焦炭、木炭、粉煤和型煤。天然的固体燃料主要是煤,煤在我国动力燃料构成中占有统治的地位(80%左右)。根据我国丰富的煤炭资源、国家燃料政策以及今后对煤的化学净化、转化研究和综合利用工作的普遍开展,预期今后煤的应用会更加广泛和深入,在国民经济中的地位将越发重要。

根据碳化程度的深浅,煤可分为泥煤、褐煤、烟煤和无烟煤四大类。随着碳化程度地加深,煤中的水分和挥发物不断减少,碳的含量不断增多。各种煤的图示见图1-1。

| 泥煤 | 褐煤 | 烟煤 | 无烟煤 |

图1-1　各种煤的图示

(1)泥煤

泥煤是最年轻的煤,碳化程度最浅,水分含量最高,其中还残留了部分植物的残体。

因此，其发热量很低。又因为不便于运输，工业上使用价值不大，一般仅用作产地附近的民用燃料。

（2）褐煤

褐煤是泥煤经过进一步碳化而形成的，其中已不再有木质素、纤维素和植物的残体。它的外观多呈褐色，少数呈褐黑色或黑色，故名褐煤。与泥煤相比，它较坚实，且含碳量较高，挥发物则相对的较少。据中国煤的分类草案规定：褐煤的可燃基挥发物大于37%，一般均在46%～55%，有些可达60%。挥发物析出的温度较低，因而容易着火、燃烧。褐煤因碳化程度较浅，固定碳的含量不多，且含有较多的灰分、水分等杂质，故其发热量较低。因在空气中易于风化和自燃，风化后又极易破碎，所以褐煤不易远途运输和长期储存，只能作为地方性燃料。褐煤过去大多作为民用燃料，现在也用作气化原料和化工原料。

（3）烟煤

烟煤是褐煤继续碳化形成的，其含碳量较褐煤多，氢、氧含量较少（见表1-2）。烟煤中水分不多，灰分也不高，因而其发热量较高，烟煤外观呈黑色或暗黑色且发亮，机械强度较大，较褐煤坚实。烟煤挥发物较高，水分较少，容易着火燃烧，燃烧时发出褐黄色火焰。

表1-2　煤的元素组成　　　　　　　　　　　　　　　　　%（质量）

项目	C	H	O	N	S
泥煤	60～70	5～6	25～35	1～3	0.3～0.6
褐煤	70～80	5～6	15～25	1.3～1.5	0.2～3.5
烟煤	80～90	4～5	5～15	1.2～1.7	0.4～3
无烟煤	90～98	1～3	1～3	0.2～1.3	0.4

烟煤是固体燃料中最优质的燃料，故它是工业用煤中最重要的煤种，是冶金和动力工业不可缺少的燃料，同时也是近代化学工业的重要原料。这种煤最大的特点具有焦结性，这是其他固体燃料所没有的，因此它又是炼焦的主要原料。但因烟煤的挥发物产量变动范围大，各种烟煤的焦结性也不尽相同，所以其用途也就不一样。根据各种烟煤的焦结性强弱和挥发物产量多少等理化性质可把烟煤分为贫煤、瘦煤、焦煤、肥煤、半炼焦煤、弱还原煤、气煤和长焰煤8个品种。其中长焰煤和气煤挥发物产量高，易于着火燃烧，适用于制造煤气；半炼焦煤、焦煤以及肥煤等，由于其挥发物产量少，焦结性强，故主要用来炼焦。肥煤是最理想的炼焦用煤，但储藏量不多，因之很宝贵，故一般不用作动力燃料。

（4）无烟煤

无烟煤是碳化程度最深的一种煤，其含碳量可高达90%以上，而挥发物只有0～10%，含水分也少，约1%。因含氢量少，故发热量较烟煤低。

无烟煤通称白煤，浅黑色而有光泽，结构紧密，均匀而坚硬，密度大，几乎全是由固定碳组成。

无烟煤由于挥发物少，着火困难，但耐烧。燃烧时，火焰短呈浅蓝色，且无烟。无烟煤机械强度高，吸水性小，不易风化和自燃，适于远途运输，但受热后容易爆裂成碎片。

无烟煤不结焦，焦炭呈粉状，灰分少，灰熔点较低。无烟煤大多用作动力燃料。若将无烟煤进行热处理，提高其抗爆性，成为耐热无烟煤，可用于气化或在小高炉和化铁炉中代替焦炭使用。

在无烟煤和烟煤之间还有一种半无烟煤。色灰黑，微发亮，质较无烟煤软，挥发物与无烟煤相近，因其中氢含量稍多，故其挥发物发热量较无烟煤略高。

煤不仅是重要能源，又是很重要的化工原料，如何合理利用煤炭资源是十分重要的问题。我国煤炭资源非常丰富，而且煤种比较齐全，可适应各种工业需要，应当大力开展综合利用，充分发挥其效益。

（5）煤矸石

煤矸石不应该算作煤，它只是一种煤的伴生物，是夹在煤层中，含有可燃物质的岩石。煤矸石是一种沉积岩，是在煤层形成的时候就同期形成的，大多数是石灰岩，由于长期受煤层浸润扩散所致，颜色呈黑灰色。以前由于没有技术利用燃烧煤矸石，都被当作废物扔掉，既污染了环境，又浪费了资源。近年来，由于燃烧技术的进步，也被用作锅炉燃料。不过一般锅炉无法直接燃烧此类燃料，只能和其他固体燃料掺烧，或在沸腾炉中使用。煤矸石灰分含量很高，发热量较低。所以煤矸石单独燃烧很困难，可以制成粉末状配合好煤在煤粉炉中燃烧利用，也可以在特殊设计的沸腾炉中当作燃料。粉煤灰可以当作建材原料。

（6）油页岩

油页岩是一种片状的含油岩石。根据沉积环境，油页岩成因类型可以分成陆相、湖相和海相三种基本成因类型。油页岩（又称油母页岩）是一种高灰分的含可燃有机质的沉积岩。它和煤的主要区别是灰分超过40%，与碳质页岩的主要区别是含油率大于3.5%。油页岩属于非常规油气资源，以资源丰富和开发利用的可行性而被列为21世纪非常重要的接替能源。它与石油、天然气和煤一样都是不可再生的化石能源。

油页岩是在内陆湖海或滨海潟湖深水还原条件下，由低等植物和矿物质形成的一种腐泥物质，是高灰分的腐泥煤。凡腐泥煤灰分为50%~70%者称为油页岩，含有类似天然石油的页岩油。油页岩原始有机物质主要来源于水藻等低等浮游生物，其中以蓝藻、绿藻和黄藻最为重要。油页岩外观多呈褐色泥岩状，其相对密度为1.4~2.7。油页岩中的矿物质常与有机质均匀细密地混合，难以用一般选煤的方法进行选矿。含有大量黏土矿物的油页岩，往往形成明显的片理。

油页岩的开发利用可以追溯到17世纪。到19世纪时，油页岩的年产规模达百万吨，已经可以从油页岩中生产一些诸如煤油、灯油、石蜡、燃料油、润滑油、油脂、石脑油、照明气和化学肥料等产品。到20世纪早期，由于汽车、卡车的出现，油页岩作为运输燃料被大量地开采。直到1966年，由于原油的大量开采利用，油页岩作为主要矿物能源才退出历史舞台。现在油页岩的利用更加广泛，爱沙尼亚、巴西、中国、以色列、澳大利亚、德国等国对油页岩利用已经扩展到发电、取暖、提炼页岩油、制造水泥、生产化学药品、合成建筑材料以及研制土壤增肥剂等各个方面。

世界油页岩资源主要分布于美国、俄罗斯、中国、爱沙尼亚等国。据EIA统计，全球33个国家页岩油可达4100亿吨。

世界上已发现的非常规油气资源大多位于地缘政治相对稳定的西半球，即美国、加拿大和拉丁美洲。美国是全球油页岩资源最丰富的国家，储量约占全球储量的70%以上。加拿大是全球沥青砂资源最丰富的国家，储量约占全球储量的90%以上。全球油页岩资源十分丰富，据不完全统计，其蕴藏资源量约有10万亿吨，比煤炭资源量多40%。

1.1.1 煤的工业分析

煤的工业分析，包括水分（W）、灰分（A）、挥发分（V）和固定碳（F）含量测定四项，其中水分、灰分和挥发分可以经过测试测量出来，固定碳则是煤炭在一定特殊的条件下才能转化出来，需要使用差减法计算。煤的工业分析是了解煤质基本特征的主要指标，并由此来确定各煤种的工业用途及其加工利用效果。我国采取较为详细全面的标准来规范工业分析测试，以得到更完善、更精确的测试结果，而煤的工业分析过程及结果的准确性也能很好的衡量专业工作人员的工作水平。

1.1.1.1　水分的测定及测定意义

在煤炭的交易供给中，水分是衡量整个煤炭质量和重量的重要标准之一，直接影响到煤的使用、储存和运输，是煤的工业分析中重要的组成部分之一。各种固体燃料在被送交成分检测和交付使用时都含有一定量的水分，水分是燃料的重要组成部分，是这些固体燃料客观存在的事实。在煤质的分析中，不同煤质的水分分析结果可以为其提供最基础的数据，在煤炭的贸易活动中，水分是一个重要的计算质量的指标。水分不论是在煤的加工利用还是在基础理论研究中都起到很大的作用，具有重要的意义。

根据一定的采集样本标准和要求，从商品煤及用户煤场等处采集回来的煤样本被称为应用煤样，对应用煤样在实验室进行研究分析，叫作收到煤样。煤样中含有的水分所占煤样质量的百分比被称为煤的总水分。固体燃料里的水分按其存在形态分为两类，即游离水和化合水。游离水是以物理状态吸附在燃料颗粒内部毛细管中和附着在燃料颗粒表面的水分，煤的颗粒越小，内部孔隙越多，那么煤中所含的水量也就越多。化合水也叫结晶水，是以化合的方式同燃料中物质结合的水。

游离水又可以分成两种，一种是容易挥发的水分，通常存在于煤炭表面或者是发育很好的细小孔隙中，被称为外在水分。使应用煤样在空气中放置，过一段时间之后水分在空气中不断流失蒸发，当空气中的水蒸气和煤中的蒸汽压平衡时，这个时候所流失蒸发的水分所占煤样质量的百分比就是煤的外在水分。而没有失去仍有残留的便是常温中不太容易挥发的水分——内在水分，也叫风干煤样水分，这部分水分主要存在一些发育不全的煤体孔隙中。内在水分在105～110℃的温度下经过若干时间加热可蒸发掉。内在水分的质量和外在水分的质量相加便是煤的总水分，它是指刚开采出来或者是马上要投入生产使用的煤中的所有水分。而结晶水通常要在200℃以上才能分解析出。燃料工业分析测定的水分只是游离水，不测结晶水。一般来说，煤的内在水分、外在水分、全水分等指标都是以百分比的形式表现在煤的工业分析中。

水分在燃料燃烧时蒸发吸热，消耗燃料燃烧产生的热能。燃料中的水分还能还能增多会减少燃料的有效成分，降低燃料的发热量，提高燃料的燃点，不易着火，影响焙烧前期的升温速度，是燃料中的有害成分。

1.1.1.2　灰分的测定及测定意义

固体燃料的灰分是指煤炭类矿物质燃料在（815±10）℃条件下，生物质燃料在（550±10）℃条件下完全氧化燃烧后的残留物。燃料中的灰分来源于燃料中的无机物、矿物质，如黏土矿物、石膏、碳酸盐、黄铁矿等矿物质。这些物质在燃料的燃烧中发生分解和化合，有一部分变成气体逸出，剩下的残渣以氧化物、硫酸盐、磷酸盐、硅酸盐等形式存在。这些残渣所占煤样总质量的百分比就被称为煤的灰分产率。燃料的灰分越高，含碳量就越低，不仅降低了燃料的发热量，而且，当无机物、矿物质在燃料燃烧后成为灰分时还要吸收热量，排渣时也要带走热量。灰分是燃料的有害成分，但有的燃料中无机物、矿物质可以成为做砖的原料，比如有的煤炭、煤矸石中含有高岭石、伊利石等黏土矿物，即便这种燃料灰分较高，也可直接作为内燃料烧制砖，既作燃料又是原料。

煤中所含的水分会受到空气中的湿度影响，水分的多少会根据湿度的变化而产生改变。而对于有些相对干燥的煤样来说，灰分的产率不会出现太多的变化。因此在进行测定灰分时，一般选用粒度小于 0.2mm 相对干燥的煤样，这时检测的结果称为干燥基的灰分产率。在实际的测定过程中，空气干燥基的灰分产率只能取中间数值，并且不是固定数值，通常要换算成干燥基的灰分产率。

煤中灰分的测定是研究煤质特性和利用的重要指标。在炼铁的工业中，以煤炭中灰分的测定指标来确定焦炭的质量。煤的灰分越高，有效碳的产率就越低，煤中灰分的含量已经作为商业上定级的依据。并且灰分和发热量、含碳量、活性等方面都有互相依赖的关系，通过灰分的测定研究可以测评出煤炭的相关特性。

1.1.1.3 挥发分和固定碳的测定及测定意义

煤中无机物的组成特点由水分和灰分来进行反映，有机物的组成特点则由挥发分和固定碳来反映。挥发分能够反映出煤样中的很多性质，几乎所有的煤样研究和煤样利用中都会需要采取煤的挥发分相关数据，挥发分也是煤的最重要的数据之一。

固体燃料的挥发分，是燃料中的有机质在 150~900℃ 温度下隔绝空气加热，在受热过程中有机质陆续分解而产生的多种气体挥发物。这些挥发物不是燃料固有的，而是燃料在特定温度下热解产出的气体，含有氮气、氢气、甲烷、一氧化碳、二氧化碳、硫化氢、结晶水以及其他复杂的有机可燃性化合物组成的混合气体，其中大部分是可燃气体，是燃料全部完全燃烧总发热量的一部分。分解的化合物被称为挥发物，挥发物所占煤样质量的百分比称为挥发分或者是挥发分产率。而加热后以固态形式残存下来的有机质所占煤样质量的百分比便称为固定碳。固定碳并不能单独存在于煤样本身，煤中的灰分是燃烧后残存的渣滓，固定碳与灰分一起组成了焦渣，焦渣中去除灰分便是固定碳。

挥发物的热值视其成分不同悬殊，低的约为 2000×4.2kJ/kg，含氢气多的挥发分热值可高达 12000×4.2kJ/kg。这些可燃性气体挥发物的燃点很低，挥发分在燃料里含量的多少很大程度上决定了该燃料的着火点（即燃点）的高低，也影响燃料的发热量。挥发分越多越易点燃，燃点就越低；挥发分越少越难点燃，燃点就越高。但是如果燃烧条件不适当则会造成挥发分热解速度快但燃烧慢，甚至未燃烧，这时易产生并排放未燃尽的气体挥发物质，俗称"黑烟"，并产生一氧化碳、多环芳烃类、醛类等污染物，降低燃料的燃烧热效率。

煤样煤化程度在不断提高的同时，挥发分会不停地下降。例如褐煤的挥发分都比较高，一般在 70% 以上；无烟煤的挥发分则较低，一般在 10% 以下。在煤样自身的有机物质高分子缩聚时，小分子的化合物同时运动，便会产生氢气，也就使煤产生了挥发分。随着煤样煤化程度的提高，煤矿分子里的含氧官能团和脂肪侧链都呈现下降趋势，所以煤的挥发分会随着煤样煤化程度的提高而下降。

煤化程度会对煤的挥发分造成一定影响，同时煤岩的类型或是成因类型也会对挥发分起到一定程度的影响。腐植煤的挥发分与腐泥煤相比明显较低，主要是因为两种煤岩的原始结构不同，腐植煤主要是以稠环芳香族物质为组成部分，在受热之后不容易溶解，而腐泥煤主要以脂肪族为主，容易受热分解为小分子化合物。

根据煤的挥发分和固定碳的工业分析，可以得出挥发分产率并且测定挥发分后的焦块特性，对于确定煤的加工途径具有决定意义。高挥发分的煤，在干馏时化学副产品的产率较高，可以作为气化原料或低温干馏原料。挥发分适中的烟煤，由于黏结性比较好，可以用作炼焦煤。同时在燃煤中，可以根据挥发分来确定特定的煤源所需要的燃煤设备。

固体燃料中去掉水分、灰分、挥发分，剩下的就是固定碳。固体燃料中的固定碳不仅包括燃料的单质碳含量，还包括燃料当中有机物的碳含量，比如生物质燃料中的纤维素等。矿物质燃料的固定碳是表征燃料的碳化程度的一个主要指标，固定碳是燃料燃烧产生发热量的重要来源，是燃料分类的一个重要指标。固定碳含量的多少可以鉴定燃料的品质。固定碳含量越高，煤化程度越高，燃料燃烧值越高，燃烧时间越长，发热量就越高。

煤的工业分析总结如下：

煤的工业分析包括测定水分(W)、灰分(A)、挥发分(V)和固定碳(F)的质量百分含量，其操作过程为将一定质量的煤加热到110℃，使其水分蒸发，称量减少质量测算出水分含量，再在隔绝空气下加热到850℃，称量减少质量，测算出挥发分含量。然后通空气使固定碳全都燃烧，称量剩余量测算出灰分质量。煤中固定碳的质量百分含量为：

$$F\% = 100\% - W\% - A\% - V\%$$

挥发分多的煤干馏时可以得到较多的煤气和焦油，较易于燃烧且火焰较大，固定碳多的煤，干馏时焦炭收得率高。所以煤的工业分析对确定煤的使用性能是非常重要的。

1.1.2　固体燃料的化学组成成分及含量

燃料是一种复杂的混合物，它是由有机可燃质和不可燃的无机矿物杂质（灰分）与水分等组成。固体燃料中的可燃物质是各种复杂的高分子有机化合物的混合物。它们的分子结构和性质至今还不甚清楚。因此要分析测定其化学构成是极其困难的。根据燃料的元素分析可知，这些燃料的有机化合物都是由碳、氢、氧、氮、硫等化学元素所组成，元素分析成分是用各成分相应的质量占燃料总质量的百分数（即质量分数）表示的。

在一般工程计算中可认为燃料就是由这些元素组成的机械混合物。测定组成燃料的化学元素需要有比较复杂的设备和熟练的技巧，都由专门的化学实验室来担任，并按国家标准 GB/T 476—2008《煤中碳和氢的测定方法》进行测定，虽然燃料的化学元素组成不能用来确定和判断燃料的特性，但燃料中各组成元素的性质及其含量与燃料燃烧性能却密切有关。

1.1.2.1　碳（C）

碳是煤及固体生物质燃料中最主要的可燃元素，含量约为15%~80%，一般固体生物中含量约为40%~60%。碳是决定煤质好坏的重要因素。无烟煤的含碳量最高，其次是烟煤、褐煤、泥煤。煤中其他元素如氢、氧、氮等随时间的流逝而逐渐挥发，碳的含量随着生成年限的增长而增加。纯碳是很难燃烧的，煤中含碳量越高，就越不容易着火和燃烧，燃尽时间也越长。

1.1.2.2　氢（H）

氢是燃料中可燃元素之一，是燃料中最有利的可燃元素。它燃烧时能放出大量的热量，1kg 氢燃烧后生成水时放出的热量约为142400kJ，约相当于碳发热量的4.5倍。此外，氢最易燃烧，所以燃料中含氢越多，燃料就越易着火，且燃烧的越好。但氢在固体燃料中的含量很少，煤中含量约为1%~4%，固体生物质中含量约为4%~6%。氢一般与碳呈化合物存在，称碳氢化合物，碳氢化合物在加热时能以气体状态挥发出来，生成年限越短的煤（如褐煤），含氢量越多，也就越容易着火和燃烧。

氢在固体燃料中一部分与氧化合形成结晶状态的水，该部分氢称为化合氢，它不能燃烧放热；而未和氧化合的那部分氢称为自由氢，它和其他元素化合，构成可燃化合物，在燃烧时与空气中氧反应能放出很高的热量。

含氢较多的燃料燃烧时，易于生成炭黑。含有大量氢的固体燃料在储藏时容易风化，风化时会失去部分可燃元素，其中首先是氢。

1.1.2.3 氧(O)

氧是煤及固体生物质燃料中的不可燃元素，在煤中的含量一般不超过10%。氧虽然可助燃，但在煤中与一部分碳或氢合成不可燃烧的 CO_2 和 H_2O，从而使煤中的可燃碳和可燃氢的含量减少，降低了煤的发热量。煤中氧的含量随着煤生成年限增长，碳化程度加深而减少。无烟煤中氧的质量含量仅为1%~2%，而泥煤则高达40%。

氧是燃料的内部杂质。它的存在对燃烧没有什么好处，且相对的减少了可燃元素碳和氢的含量，因而使燃料发热量减少。氧在燃料中是呈化合物状态存在的，它与一部分可燃元素结合成化合物，这样就约束了一部分可燃成分，使燃料发热量进一步减少。

1.1.2.4 氮(N)

氮是煤及固体生物质燃料中的不可燃元素，又是煤中的有害元素，在煤中的含量一般不超过1%，煤中含有氮后，就相对减少了碳、氢等可燃元素含量——从而降低了煤的发热量。氮既不能燃烧，也不能助燃。因此，在燃烧时一般不参加反应而进入到烟气中去。但在温度高和含氮量高的情况下，将会产生氮氧化物等物质，排入大气会造成环境污染。氮在固体燃料中含量一般都不高，然而在某些气体燃料中含量却占用很大比例。

1.1.2.5 硫(S)

硫是煤及固体生物质燃料中的可燃元素，又是其中的有害元素。硫在燃料中也是以化合物形式存在。通常硫以三种形态存在：有机硫、硫化铁硫即黄铁矿硫和硫酸盐硫。有机硫和黄铁矿硫在空气中燃烧能放出热量并生成 SO_2；而硫酸盐硫是不能燃烧的，在燃烧时几乎不分解的转入到灰渣中去，故它属于燃料中灰分的一部分。

虽然硫在燃烧时可放出少量的热量，但它在燃烧后会生成 SO_2 与 SO_3 气体，这些气体与烟气中水蒸气结合，形成亚硫酸或硫酸等蒸气，当烟气温度低于硫酸蒸气的露点时，硫酸蒸气会凝结在锅炉的尾部受热面，对省煤器和空气预热器等钢材表面有强烈的腐蚀作用，从而降低了锅炉使用寿命。此外，SO_2 与 SO_3 如随烟气排到大气中的话，则会污染大气，对周围的人和动植物的生活与生长有着严重的危害性，是目前酸雨的主要罪魁祸首。

因此，燃料中含硫是十分有害的。固体燃料含硫量一般不多，我国煤的含硫量约在0.5%~3%，也有少数煤种超过3%。

1.1.2.6 水分

在燃料中除了有机可燃质元素外，还有不可燃的无机矿物质：灰分和水分。显然，这两种成分对燃料燃烧来说都是无用的物质，是所谓的燃料的外部杂质。它们的存在不仅减少了可燃元素的含量，降低了燃料发热量，同时还给燃料燃烧带来一定的困难，如不易着火、燃烧后结渣等。

固体燃料中的水分含量相对来说比较高，且变动范围也很大，同时不同碳化程度的煤，水分含量相差也很大(见表1-3)。

表1-3　不同碳化程度煤的水分含量　　　　　　　　　　　　　　　　%

项目	无烟煤	烟煤	褐煤	泥煤
原煤水分含量	2~4	4~15	30~60	60~90
风干后水分含量	1~2	1~8	10~40	40~50

1.1.2.7　灰分

固体燃料煤中的灰分含量比较多，而且其范围也很大，为5%~50%。油页岩灰分最高可达80%。国产煤的灰分大致见表1-4。

表1-4　国产煤的灰分含量　　　　　　　　　　　　　　　　%

煤种	无烟煤	烟煤	褐煤
干燥基灰分	6~16	7~29	11~31

燃料中灰分主要来自其中所含的一些不能燃烧的矿物杂质，在燃烧过程中经高温分解和氧化作用所形成的固体残留物。这些形成灰分的矿物杂质部分是在燃料形成过程中混杂进来的，部分是在燃料开采、运输和储存过程中由外界带进来的。由外界带进的矿物杂质形成的灰分称为外在灰分，燃料中灰分大部分是这种灰分，它的数量主要取决于外界条件。故同一煤种的燃料，灰分的含量可以相差很大。

因为灰分的存在会相对地减少燃料中可燃物质的含量，降低发热量；同时还易造成燃料不完全燃烧和给设备的维护与操作带来困难，所以燃料中灰分含量是衡量煤质经济价值的一个很重要的指标。

对于燃煤的各种炉子来说，除了须考虑煤的灰分多少外，还须注意到灰分的熔点。因为若灰分熔点过低，则炉灰容易在炉栅上结成大块，影响通风，同时使清灰除渣发生困难。所以一般要求灰分熔点不低于1200℃。

1.1.3　固体燃料组成的表示方法

固体燃料的各元素组成，在燃烧学上按碳、氢、氧、氮、硫、水分和灰分来分类。碳、氢、氧、氮、硫是元素，水分和灰分是物质。通常用质量百分数来表示。

由于燃料中水分和灰分常受季节、运输和储存等外界条件变动的影响，数值会有很大的波动。同一种燃料由于取样时条件不同，或者在同一实验条件下由于所采用的分析基准不一样，则所得的结果也都会不同。所以固体燃料的元素分析值都必须标明所采用的基准，否则就无意义。

由前述可知，燃料中水分和灰分的含量常受外界条件的影响而波动，而燃料的元素组成却是以其相对含量百分比来表示的，因此当其中某一项含量发生改变，则所有各项所占的百分比都要相应的改变。这样在理论分析或实验研究中引用燃料分析资料时就显得不方便，此时应用基组成就不能正确的反应燃料的特性。因此，就有所谓分析基、干燥基与可燃基等组成表示法。这些都是实验室分析、燃料分类和研究燃料特性时所采用的。

根据各种实际需要，固体燃料的元素分析常采用以下四种基准组成来表示：应用基、分析基、干燥基和可燃基(表示方法以中文拼音的字头来表示)。

1.1.3.1　应用基组成(用上角标 y 表示)

应用基组成是以包括全水分和灰分在内所有燃料组成的总和做计算基准(100%)。这时燃料的元素组成可写成式(1-1)，式中各项分别称为应用基含碳量 C^y、应用基含氢量 H^y 等。

$$C^y\% + H^y\% + O^y\% + N^y\% + S^y\% + A^y\% + W^y\% = 100\% \tag{1-1}$$

注：上式中元素 C、H、O、N、S 等用斜体表示，是指各元素的含量，下同。

式中，C^y、H^y、O^y、N^y、S^y、A^y、W^y 分别表示燃料中碳、氢、氧、氮、硫、灰分和水分等元素组成的质量百分数。这里上角标 y 为应用基。这里 W^y 是燃料中总的水分含量的质量分数，它指内在水分 W_n 和外在水分 W_w 两者之和，即 $W^y = W_n + W_w$。

按应用基(也叫收到基)表示的燃料组成，反映了燃料在实际应用时的成分，它相当于即将送入燃烧设备进行燃烧的燃料。这种状态的燃料有时也称为工作燃料。固体及液体燃料的燃烧计算，应按应用基组成来进行。

1.1.3.2　分析基组成(用上角标 f 表示)

分析基组成是以空气风干后的所有燃料组成的总和做计算基准。显然这时固体燃料中的外在水分已逸出，剩留在燃料中的只有内在水分。所以，燃料的元素分析基组成为

$$C^f\% + H^f\% + O^f\% + N^f\% + S^f\% + A^f\% + W^f\% = 100\% \tag{1-2}$$

式中，$W^f = W_n^f$ 称为分析基水分。分析基水分与应用基水分之间关系可以用下式来表示：

$$W^y = W_w + W^f \times \frac{100 - W_w}{100} \tag{1-3}$$

上式可用来根据外在水分和内在水分计算出全水分。

分析基组成之所以被采用是由于燃料的分析都是在实验室里进行的，但为了避免水分在分析过程中发生变动，燃料试样必须先经过空气风干，这样一部分不很稳定的外在水分就先蒸发消失，余下的是稳定不变的内在水分。所以一般煤质分析资料和矿山所提供的煤质资料中的水分往往都是这种分析基水分。

有时为了正确的判断燃料中灰分的多寡，必须在无水的基础上进行分析比较，这就需要干燥基组成。

1.1.3.3　干燥基组成(用上角标 g 表示)

干燥基组成是以干燥的，即除去全部水分的所有燃料组成的总和做计算基准，所以燃料中水分即使发生变动，干燥基组成仍保持不变。燃料的干燥基组成可由下式表示：

$$C^g\% + H^g\% + O^g\% + N^g\% + S^g\% + A^g\% = 100\% \tag{1-4}$$

式中，A^g 为干燥基灰分，它能比较真实的反映出燃料中灰分含量。燃料中水分含量则应使用反映使用状态的应用基水分 W^y 来表示才比较合理。

因为燃料中灰分含量如同水分一样易受外界因素的影响，变动较大，故若把水分和灰分这类不稳定性较大的成分去掉，不计在燃料的组成内，则可得到不受外界影响的可燃基组成。

1.1.3.4　可燃基组成(用上角标 r 表示)

可燃基组成是以无水无灰的可燃质元素组成的总和做计算基准。燃料的可燃基组成可

以写成

$$C^r\% + H^r\% + O^r\% + N^r\% + S^r\% = 100\%$$ (1-5)

显然，可燃基组成不受水分、灰分变化的影响，它能较真实的反映燃料的特性。一般同一矿井的煤的可燃基组成变化不大，至多随着开采煤层的转移有稍许的变化。因此，以可燃基组成来表示燃料的元素组成是较合理的。所以煤矿中的煤质资料都是以可燃基组成表示的，且可用它来判别煤种及其属性。

图 1-2 是用图解的形式表达上述各种基的相互关系。

图 1-2　燃料各组成与计算基准的关系

1.1.3.5　燃料分析基础换算

由前述可知：燃料特性一般用不受灰分和水分影响的可燃基组成来表示；灰分用干燥基组成来表示；水分则用应用基组成来表示。但在燃烧计算中却又需要用应用基组成表示的全部元素组成。因此，就有必要对它们进行相互间的换算。

$$\frac{C^y}{100\% - W^y} = \frac{C^f}{100\% - W^f}$$

$$\frac{H^y}{100\% - W^y} = \frac{H^f}{100\% - W^f}$$

$$\frac{O^y}{100\% - W^y} = \frac{O^f}{100\% - W^f}$$

$$\frac{N^y}{100\% - W^y} = \frac{N^f}{100\% - W^f}$$

$$\frac{S^y}{100\% - W^y} = \frac{S^f}{100\% - W^f}$$

$$\frac{A^y}{100\% - W^y} = \frac{A^f}{100\% - W^f}$$

从上述等式可以看出，已知分析基，求应用基可以使用下式计算：

$$C^y = C^f \frac{100 - W^y}{100 - W^f}$$

各种基准之间的换算系数见表 1-5。

表 1-5　各种基准之间的换算系数

已知组成	角标	要换算的组成			
		应用基	分析基	干燥基	可燃基
应用基	y	1	$\dfrac{100 - W^f}{100 - W^y}$	$\dfrac{100}{100 - W^y}$	$\dfrac{100}{100 - (A^r + W^f)}$

已知组成	角标	要换算的组成			
		应用基	分析基	干燥基	可燃基
分析基	f	$\dfrac{100-W^y}{100-W^f}$	1	$\dfrac{100}{100-W^f}$	$\dfrac{100}{100-(A^f+W^f)}$
干燥基	g	$\dfrac{100-W^y}{100}$	$\dfrac{100-W^f}{100}$	1	$\dfrac{100}{100-A^g}$
可燃基	r	$\dfrac{100-(A^y+W^y)}{100}$	$\dfrac{100-(A^f+W^f)}{100}$	$\dfrac{100-A^g}{100}$	1

1.1.4 燃料的发热量

燃料的发热量是指单位质量或单位体积的燃料完全燃烧时所能释放出的最大热量，它是衡量燃料作为能源的重要指标之一。其为表征煤质各种特性的综合指标及煤炭贸易中计价的标准之一，可在锅炉设计中用以计算热平衡、热效率和煤耗。

燃料的发热量有两种表达方法，即高位发热量和低位发热量。

高位发热量指的是燃料完全燃烧后燃烧产物冷却到使其中的水蒸气凝结成0℃的水时所放出的热量，用 Q_{gw} 表示。

低位发热量指的是燃料完全燃烧后燃烧产物中的水蒸气冷却到20℃时放出的热量，用 Q_{dw} 表示。

在实际工程应用中，计算燃料发热量都是采用低位发热量。这是因为在实际燃烧装置中，燃烧产物排出的温度均在100℃以上，烟气中水蒸气的汽化潜热是没办法加以利用的。

燃料发热量的高低显然取决于燃料中含有可燃物质的多少。但是，固体燃料的发热量并不等于各可燃物质组成发热量的代数和。因为它们不是这些元素的机械混合，而是具有极其复杂的化合关系，所以难以导出理论公式来进行计算。目前，最可靠的确定燃料发热量的办法是依靠实验测定。

1.1.4.1 固体或液体发热量的测定

固体燃料发热量通常使用氧弹式量热仪来测量，初始测定值为弹筒发热量，再通过计算得出不同基准的高位发热量和低位发热量。图1-3中给出了氧弹式量热仪的结构剖面图。氧弹是用不锈钢制成的密封金属容器，它被放置在装有水的量热仪内。将一定量的煤样放于氧弹中并充以氧气，目的是使燃料能迅速且完全燃烧。煤样在高压氧气中燃烧而放出的热量被量热仪中淹没氧弹的水所吸收，根据水的升温就可计算出燃料的发热量。

由于在氧弹量热仪中所测得的发热量是以分析基组成为基准的，但实际上却常以应用基、可燃基或其他基作基准的发热量作为计算基准。因此，就需要不同基的发热量间的换算。对于高位发热量来说，不同基间的换算和不同基间元素组成换算一样，只需乘上一个换算系数。但对于低位发热量，必须考虑不同基间的水分的变化不仅使可燃组成发生变更，而且还使汽化潜热的消耗发生变动。表1-6为各种低位发热量之间的换算公式。

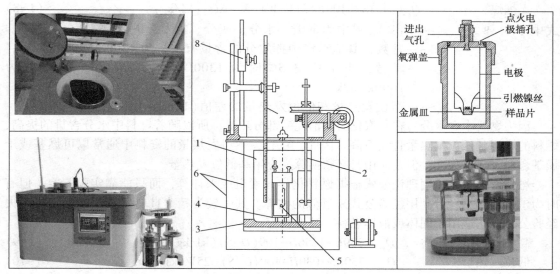

图 1-3 氧弹式量热仪

1—水容器；2—桨式搅拌器；3—绝热底垫；4—氧弹；
5—坩埚；6—隔层外壳；7—温度计；8—温度计照明装置

表 1-6 各种"基"低位发热量换算公式

已知基 ＼ 换算基	应用基	分析基	干燥基	可燃基
应用基		$Q_{dw}^f = (Q_{dw}^y + 25W^y)$ $\times \dfrac{100-W^f}{100-W^y} - 25W^f$	$Q_{dw}^g = (Q_{dw}^y + 25W^y)$ $\times \dfrac{100}{100-W^y}$	$Q_{dw}^r = (Q_{dw}^y + 25W^y)$ $\times \dfrac{100}{100-(A^y+W^y)}$
分析基	$Q_{dw}^y = (Q_{dw}^f + 25W^f)$ $\times \dfrac{100-W^y}{100-W^f} - 25W^y$		$Q_{dw}^f = (Q_{dw}^y + 25W^y)$ $\times \dfrac{100-W^f}{100-W^y} - 25W^f$	$Q_{dw}^r = (Q_{dw}^f + 25W^f)$ $\times \dfrac{100}{100-(A^f+W^f)}$
干燥基	$Q_{dw}^y = Q_{dw}^g$ $\times \dfrac{100-W^y}{100} - 25W^y$	$Q_{dw}^f = Q_{dw}^g$ $\times \dfrac{100-W^f}{100} - 25W^f$		$Q_{dw}^r = Q_{dw}^g$ $\times \dfrac{100}{100-A^g}$
可燃基	$Q_{dw}^y = Q_{dw}^r$ $\times \dfrac{100-(A^y+W^y)}{100} - 25.12W^y$	$Q_{dw}^f = Q_{dw}^r$ $\times \dfrac{100-(A^f+W^f)}{100} - 25.12W^f$	$Q_{dw}^g = Q_{dw}^r \times \dfrac{100-A^g}{100}$	

1.1.4.2 固体或液体发热量的经验公式

鉴于在某些时间或场合不具备测定发热量的条件，但现场应用需要发热量的数据，所以有关煤质分析工作者提出了利用工业分析或元素分析数据预测发热量的经验公式，特别是煤科总院根据煤炭工业分析结果提出了无烟煤、烟煤和褐煤的发热量计算公式，该公式具有广泛的适应性。

褐煤 $Q_{dw} = 4.187(10F + 6500 - 10W - 5A - \Delta Q)$（kJ/kg）   （1-6）

烟煤 $Q_{dw} = 4.187(50F - 9A + K - \Delta Q)$（kJ/kg）   （1-7）

无烟煤 $\qquad Q_{dw} = 4.187[100F + 3(V-W) - K' - \Delta Q](kJ/kg)$ $\qquad$ (1-8)

式中 $\quad F$、W、A、V——100kg煤中固定碳、水分、灰分、挥发分的含量;

$\qquad\qquad K$——常数,其值与煤中挥发分的含量有关,为4300~5500kcal/kg;

$\qquad\qquad K'$——常数,当$V\% < 3.5\%$时为1300kcal/kg,当$V\% > 3.5\%$时为1000kcal/kg;

$\qquad\qquad \Delta Q$——高位发热量和低位发热量的差值(1kcal = 4.187kJ)。

因为燃料中有水分,在其汽化时需消耗一部分热量,所以随着燃料中水分含量的提高,燃料的应用基低位发热量直线下降。因此,在有关燃料发热量的资料中通常以可燃基或干燥基燃料发热量为准,但在应用时必须换算为应用基低位发热量。

燃料发热量无法用理论公式根据燃料化学元素组成来计算,而只能靠实验测定。但有时为了简便起见,可利用经验公式来近似的估算。其中较为精确且应用较广的是门捷列夫经验公式,它适用于固体或液体燃料,其形式为

高位发热量 $\qquad Q_{gw} = 339C + 1256H - 109(O-S)(kJ/kg)$ $\qquad$ (1-9)

低位发热量 $\qquad Q_{dw} = 339C + 1030H - 109(O-S) - 25W(kJ/kg)$ $\qquad$ (1-10)

固体燃料的发热量随着碳化程度加深而增加,从表1-7可见,当含碳量为87%左右时,发热量达到最大值,以后则开始下降。无烟煤的发热量较烟煤低,这是因为无烟煤中含碳量高,含氢量低,而氢的发热量约为碳的4.5倍。

表1-7 一些常用的固体燃料的低位发热量

固体燃料	发热量/(kJ/kg)	固体燃料	发热量/(kJ/kg)
泥煤	8380~10500	无烟煤	20900~25100
褐煤	10500~16700	贫煤	25100~29300
长焰煤	20900~25100		

1.1.5 煤的使用性能

为了合理地利用煤资源和正确制定煤利用的工艺技术方案和操作制度,除了煤的化学组成外,还必须了解它的使用性能。

(1)黏结性,结焦性

所谓煤的黏结性指的是粉碎后的煤在隔绝空气的情况下加热到一定温度时,煤的颗粒相互黏结形成焦块的性质。

煤的结焦性是指煤在工业炼焦条件下,一种煤或几种煤混合后的黏结性,也就是煤能炼出冶金焦的性质。

因此,煤的黏结性和结焦性是两个不同的概念,一般来说,黏结性好的煤结焦性就比较强。

(2)煤的耐热性

煤的耐热性是针对煤在加热时是否易于破碎而言。耐热性的强弱能直接影响到煤的燃烧和气化效果。耐热性差的煤,气化和燃烧时容易破碎成碎片,妨碍气体在炉内的正常流通,并容易发生烧穿现象,使气化过程变坏。

无烟煤耐热性低的原因主要是由于其结构致密,加热时因内外温差而引起膨胀不均,造成煤的破裂。但经过热处理后,可以改善其耐热性,至于褐煤的耐热性差,主要是由于内部水分大量蒸发所致。

1.2 液体燃料

液体燃料就是常温下为液体，而且是以液态使用，能产生热能或动力的液态可燃物质。主要含有碳氢化合物或其混合物，天然的有天然石油或原油。加工而成的有由石油加工而得的汽油、煤油、柴油、燃料油等，用油页岩干馏而得的页岩油，以及一些新型的液体燃料，如生物质燃料等。

1.2.1 石油的一般性状及化学组成

石油是一种复杂混合物，也叫原油，主要由碳和氢两种元素组成，此外还含有少量的氧、硫和氮的化合物（以复杂的有机化合物的形式存在）以及少量的灰分和水分。世界各油区所产石油的性质、颜色都有不同程度的差异。石油通常呈黑色、褐色或浅黄色，石油在常温下多为流动或半流动的黏稠液体，相对密度为 0.8 ~ 0.98。我国主要油区原油的相对密度多为 0.85 ~ 0.95，凝点及蜡含量较高，庚烷、沥青质含量较低，属偏重的常规原油。表1-8 给出了我国部分原油的元素组成。

表 1-8 我国部分原油及重油的元素组成   %

油种	C^y	H^y	O^y	N^y	S^y	A^y	W^y	$Q_{dw}^y/(kJ/kg)$
大庆原油	86.04	12.14	0.54	0.20	0.15	0.03	0.9	41500
辽河重油	85.86	12.65	0.29	0.28	0.21	0.08	0.63	41850
胜利原油	85.31	12.36	1.26	0.24	0.20	0.03	0.6	41700

碳、氢两元素在石油中相互结合成各种不同类型的烃。因此，石油就是不同烃类的混合物。它们主要是一些烷烃（C_nH_{2n+2}）、环烷烃（C_nH_{2n}）、芳香烃（C_nH_{2n-6}）、烯烃（C_nH_{2n}）。此外，还含有少量的硫化物、氧化物、氮化物、水分和矿物杂质。

既然石油是各种烃类混合物，它的理化性质是各种烃类相应理化性质的综合体现。因此，烃类燃料的理化性质不能确切反映出它的化学组成，例如理化性质相同的烃类燃料，它们的化学组成不一定相同。

根据产地不同，原油的物理化学性质也往往有所不同。一般将轻馏分多的原油叫作轻质原油，轻馏分少的叫作重质原油。根据所含碳氢化合物的种类，可将原油分为以下几种：

石蜡基原油：其特点是相对密度较小，含蜡量较高，凝点高，含硫、含胶质较少，属于地质年代古老的原油。原油的特性因数大于 12.1。这种原油生产的汽油辛烷值低，而柴油的十六烷值较高，适用于生产优质石蜡等。我国大庆原油是典型的石蜡基原油。

烯基原油：含烯烃较多，从中可以得到少量辛烷值高的汽油和大量优质沥青。它的优点是含蜡少，所以便于炼制柴油和润滑油，缺点是汽油产量小，润滑油黏度指数低，煤油容易冒烟。烯烃和烷烃一样，也是原油的主要成分，但因它是不饱和烃，所以化学稳定性和热稳定性都比烷烃差，在高温和催化剂作用下，很容易转化成芳香族碳氢化合物。

中间基原油：烷烃和烯烃的含量大体相等，也叫混合基原油，从中可以得到大量直馏汽油和优质汽油，缺点是汽油的辛烷值不高，含蜡较多。

芳香基原油：含芳香烃较多，在自然界中储存量很少，从中可以得到辛烷值很高的汽油和溶解力很强的溶剂，缺点是它产生的煤油容易冒烟。我国台湾原油即属此类。

1.2.2　石油的加工方法

如上所述，油中的碳氢化合物具有不同的物理化学特点，可以通过炼制将它们分开，获得不同物化特点的石油产品。绝大多数液体燃料都是从石油中炼制出来的。

从原理上分，石油的炼制主要可以分为两类：一类是把原油加热，利用石油中的各种成分的沸点不同，用蒸馏的方法分离，根据分馏塔工作压力不同，又可分为常压分馏和减压分馏两种；另一类方法是将烃的分子进行改造，如裂化和重整等多种形式。

常压分馏是在塔内工作压力接近大气压力下用蒸馏方法分离石油（见图1-4）。经过常压分馏可以得到汽油、煤油、柴油等沸点在350℃以下的石油产品，见表1-9。因350℃以上的常压渣油中仍含有许多宝贵的馏分未能蒸出。如在常压下在更高温度下进行蒸馏，它们就会受热分解。因为采用减压蒸馏的方法（塔内压力一般只有4000~10000Pa）可以降低沸点，因此原油分馏过程中，通常都在常压蒸馏之后安排一级或两级减压蒸馏，以便把沸点高达550~600℃的馏分蒸馏出来（见图1-5）。直接分馏法只能馏出分子量较小的轻质油品。

表1-9　石油产品

名称	沸点/℃	密度/(kg/L)
航空汽油	40~150	0.71~0.74
汽车汽油	50~200	0.73~0.76
轻挥发油	100~240	0.77~0.79
煤油	200~330	0.80~0.83
粗柴油	230~360	0.84~0.88

为了增产轻质油，增加品种，提高质量，炼油厂还采用将直接分馏塔剩下的残渣或者某些分子量较大的重质油品进一步提炼，如裂化、重整等。裂化就是将分子较大的烃断裂成分子较小的烃。经裂化分解后，生产出气体、汽油和润滑油，残留下的渣油称为裂化渣油或裂化重油。一般反应温度多在400~600℃，压力为1~1.5MPa甚至4~7MPa。

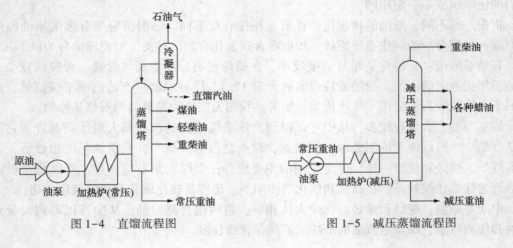

图1-4　直馏流程图　　　　　　　图1-5　减压蒸馏流程图

1.2.3 液体燃料分类

重油是我国工业上普遍使用的液体燃料，另外也可使用原油、重柴油、轻柴油，这些油类统称燃料油。除此之外还有新型的生物质燃料。

（1）重油

重油是工业炉、锅炉和各种加热炉的燃料，是我国工业上普遍使用的液体燃料，是一种总称。所谓重油可以是以下两种之一：渣油，即原油提炼过其他燃油剩下的部分；混合油，是渣油混合了二次加工轻柴油调制而成。根据原油加工方法的不同，又可把重油分为直馏重油和裂化重油两大类：直馏重油即原油经直接分馏后所剩下的渣油，例如常压渣油和减压渣油。其中常压渣油可以作为炉用燃料使用，减压渣油因含沥青质较多，黏度太大，常需配一部分柴油后方可使用。

裂化重油即原油经过裂解处理后所剩下的渣油，它除了含有更多的不饱和烃以外，还含有大量的游离碳素，因此，很不容易燃烧，不能直接作为燃料油使用，还必须加进一部分轻质油品进行调质，以提高其燃烧性能。

市场上按一定牌号供应的商品重油，就是用上述各种渣油加进一部分轻油配制而成。我国的商品重油共分四种牌号，即 20#、60#、100# 和 200# 重油。每种牌号的命名是按照该种重油在 50℃ 时的恩氏黏度来确定的。例如 20# 重油在 50℃ 时的恩氏黏度为不大于 20°E。

重油既然是原油加工后剩下的残渣油，因此它的化学组成与所用的原油有很大关系。一般来说，重油也是由多种碳氢化合物混合而成的。和原油一样，这些碳氢化合物主要是一些烷烃、环烷烃、烯烃和芳香烃。与原油相比重油含有更多的氧化物、氮化物、硫化物、水分和机械杂质。

重油所含的各种碳氢化合物分析起来比较困难，因此和固体燃料一样，重油的元素成分也是用 C、H、O、N、S、灰分（A）、水分（W）的质量百分比来表示的。各地重油的元素成分基本相近。表 1-10 表示重油可燃质的元素成分。

表 1-10　重油的元素成分（可燃基）　　　　　　　　　　　　%（质量）

C^r	H^r	$O^r + N^r$	S^r
85~88	10~13	0.5~1.0	0.2~1.0

从上述数字可以看出，重油的主要可燃元素是 C 和 H，它们约占重油可燃成分的 95% 以上。一般来说，重油的黏度越大，含 C 量越高，含 H 量则越低。重油中 O 和 N 的含量很少，对油品的影响较小。

重油中硫燃烧后生成气中含有硫化物，不仅对加热工件有害，而且污染环境，为此我国燃料油质量指标中规定各种牌号油的硫含量不应大于 3%。

重油中水分含量一般不多，规定应在 2% 以下。在储存、装卸和运输过程中水分有可能增加；在石油炼制过程中水分也会发生变化，故石油中水分不是恒定不变的。重油水分增加时，降低了重油的发热量和燃烧温度，甚至影响火焰的稳定。因此，水分太多时应设法除掉，目前一般都是在储油罐中用自然沉淀的方法使油水分离加以排除。不过近年来，为了改善高黏度残渣油的雾化性能和降低烟气中的 NO_x 的含量，实践证明，向重油中渗入适当的水分（约 10% 左右），经乳化后，可以取得有益的效果，值得重视。

重油的灰分含量极少，一般不超过 0.3%。机械杂质的含量则和运输及储存条件有关，为了保证供油设备和燃烧装置的正常进行，应当进行必要过滤。

（2）重柴油

重柴油按凝点分为$10^\#$、$20^\#$和$30^\#$三个牌号，柴油的牌号代表柴油凝固点的温度值，代号分别为RC3-10、RC3-20和RC3-30，除可以做为中、低速柴油机和重型固定式燃气轮机的燃料，有时也可做为锅炉及工业炉的燃料。

（3）轻柴油

轻柴油（GB 19147—2016《车用柴油》）按凝点分为$5^\#$、$0^\#$、$-10^\#$、$-20^\#$、$-35^\#$及$-50^\#$六个牌号。轻柴油主要做为内燃机、燃气轮机的燃料。

（4）新型液体燃料——生物质燃料

生物质能是唯一可转换为液体燃料的可再生能源，交通运输的快速发展需要安全、清洁的燃料，因此可再生生物液体燃料尤为重要。生物质液体燃料主要包括：燃料乙醇、生物柴油、裂解油、合成油（汽油、柴油、二甲醚、甲醇）等，其中以玉米等原料生产的燃料乙醇已经在我国开始应用，产业在逐步形成和发展；以废油脂为原料生产的生物柴油也已进入产业示范阶段，《生物柴油质量标准》的颁布将有效地促进我国生物柴油产业的发展。

生物化学加工利用技术主要是生物质在微生物的作用下，进行发酵等生化反应过程来加工制得生物乙醇、沼气等生物质燃料。厌氧发酵的主要生物质原料是作物秸秆、畜牧粪便等，而以糖类、淀粉类和纤维木质素类为原料发酵产生的是生物燃料乙醇。生物质厌氧发酵是通过厌氧细菌的代谢来进行生物质的生物化学加工。目前，我国的生物质厌氧发酵技术已相对成熟，厌氧发酵技术产生的燃料沼气主要用于人们日常的生活炊事。由于作物秸秆含有大量的木质素与纤维素，使其相对较难被微生物分解，所以尽量对作物秸秆进行发酵前的预处理，如利用白腐菌进行秸秆预处理、用氢氧化钠进行秸秆的化学预处理等。利用糖类、淀粉类和纤维木质素类等原料发酵产生的生物燃料乙醇已在美国和巴西得到了广泛的应用，但是生产生物乙醇所需的生物质原料一般属于粮食经济类作物，较难进行大规模的发酵生产。因此，尝试开发利用园林废弃物作为生产生物燃料乙醇的生物质原料是生物质生物化学加工利用技术发展的重要研究项目。

1983年美国科学家Graham Quick首次将酯交换法制备的亚麻油甲酯用于发动机，并提出了生物柴油的定义。到了20世纪90年代随着环境保护和石油资源枯竭两大难题越来越被关注，在欧美一些发达国家，生物柴油已成为新能源研制开发的热点。现代生物柴油的生产技术可以分为三种类型：一是物理法，二是化学法，三是生物法。

物理法生产生物柴油包括直接混合法和微乳液法。直接混合法又称稀释法。在生物柴油研究初期，研究人员直接将天然油脂与柴油、溶剂或醇类混合以降低其黏度。例如将脱胶大豆油与柴油以1∶2的比例混合，可以作为农用机械的替代燃料。但长期使用效果不好，物理混合法做不成合格的生物柴油。微乳液法是将动植物油制成乳液，来解决动植物油的黏度高的问题。它是由两种不互溶的液体与离子或非离子的两性分子混合而形成的直径1~150nm的胶质平衡体系，使用物理法能够降低动植物的黏度，但积炭及润滑油污染等问题难以解决。

生物柴油的化学法是将动植物油脂进行化学转化，改变其分子结构，使主要组分为脂肪酸甘油酯的油脂转化为分子质量仅为其三分之一的脂肪酸低碳烷基酯，使其从根本上改善流动性和黏度，适合用作柴油内燃机燃料。生物柴油的化学法具体生产方法是采用生物油脂与甲醇或乙醇等低碳醇，并使用氢氧化钠（占油脂质量的1%）或甲醇钠作为触媒，在酸性或者碱性催化剂和高温(230~250℃)下发生酯交换反应，生成相应的脂肪酸甲酯或乙酯，再经洗涤干燥即得生物柴油。甲醇或乙醇在生产过程中可循环使用，生产设备与一般制油设备相同，生产过程中产生10%左右的副产品甘油。化学法工艺复杂，醇必须过量，油耗高，成本高，有废碱液排放。

生物酶法生产生物柴油，即用动物油脂和低碳醇通过脂肪醇进行转酯化反应，制备相应的脂肪酸甲酯及乙酯。酶法生产生物柴油具有反应条件温和、醇用量小、产物易分离及无污染物排放等优点，尤其是对原料要求低，可利用餐饮业的油脂和工业废油脂等原料，故可降低生物柴油的生产成本。因此，生物酶法生产生物柴油日益受到人们的青睐。

生物柴油的大规模推广则需要扩大油料原料来源。而利用来源丰富的非粮类农林原料、城市生活垃圾、能源作物及有机废弃物为原料则是制备生物液体燃料产业未来发展的关键。

1.2.4　液体燃料的物理性质

液体燃料的某些理化性质如黏度、闪点和凝固点等对其燃烧和使用性能有着很大影响。因此为了安全有效地使用液体燃料，必须掌握其有关的使用性能。

1.2.4.1　发热量及成分表示

液体燃料的成分采用元素成分表示，和固体燃料类似，其发热量的数值根据元素成分用门捷列夫公式计算，或者用氧弹量热计直接测定。重油和柴油的低位发热量为39~41MJ/kg，数值偏差一般不超过0.4~0.8MJ/kg，原油的低位发热量为38~43MJ/kg。

1.2.4.2　密度

$$\rho_t = \frac{\rho_{20}}{1+a(t-20)}\ (kg/m^3)$$

式中　ρ_t、ρ_{20}——温度为 t 和20℃时油的密度，kg/m^3；

a——体积膨胀系数，$a=(0.002~0.0025)\rho_{20}\times10^{-3}$，$℃^{-1}$；

t——燃料油的温度，℃。

1.2.4.3　闪点、燃点、着火点

闪点、燃点、着火点是使用燃料油时必须掌握的性能指标，因为它关系到用油的安全技术和燃烧条件。

(1) 闪点

燃料油被加热时，一部分轻的碳氢化合物变为油蒸气。油温越高蒸气越多，因此油表面附近空气中的油蒸气的浓度也就越大。大气压力下，当空气中的蒸气浓度大到遇到点火小火焰在油面上掠过能使油面出现短促的蓝色闪光的最低的油温，就叫作油的闪点。闪火只是瞬间的现象，它不会继续燃烧。

燃料油的闪点和燃点是由专门的仪器测定得到的，并有"开口"闪点(油表面暴露在大气中)和"闭口"闪点(油表面封闭在容器中)之分。仪器是按照国家规定的统一标准制作的，按照 GB/T 3536—2008《石油产品闪点和燃点的测定　克利夫兰开口杯法》制作的开口闪点仪如图1-6所示。

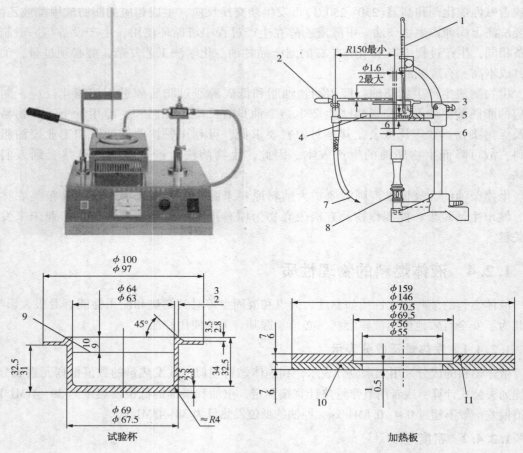

图 1-6 闪点与燃点实验仪

1—温度计；2—点火器；3—试验杯；4—金属比较小球，φ3.2~4.8mm；5—加热板；6—φ0.8mm 孔；7—至气源；
8—加热器(火焰型或电阻型)；9—装样刻线；10—金属；11—耐热材料

通常用开口闪点。重油的开口闪点为 80~130℃。我国目前所用的减压渣油的闪点一般都在 250℃ 左右。

闪点高的燃料油可以尽量提高油的预热温度，使其黏度降低，以利于改善油的雾化质量和燃烧过程。闪点低的燃料油要注意控制油的预热温度勿使其接近闪点。否则在加热过程中易引起火灾。而且还由于放出有害蒸气危害操作人员的健康。储油罐中油的加热温度应严格控制在闪点以下，以防发生火灾。油的闪点与油的种类有关。油的密度越小，闪点就越低。

（2）燃点

如果油温超过闪点，使油的蒸发速度加快，以致闪火后能继续燃烧（超过 5s）而不熄灭，这时的油温叫作油的燃点。物质的燃点是指将物质在空气中加热时，开始并继续燃烧的最低温度。燃点与闪点相差不多。重油的燃点一般比闪点高 10℃ 左右。重油的着火点为 500~600℃。

（3）着火点

如果继续提高油温，则油表面的蒸气会自己燃烧起来，这种现象叫自燃，这时的油温叫作油的着火点。以油为燃料时，燃烧室中的温度不应该低于油的着火点，否则重油不易着火，更不利于重油的安全燃烧。

1.2.4.4 黏度

黏度是表示流体质点之间摩擦力大小的一个物理指标。燃料油的黏度常用恩氏黏度°E或运动黏度ν来表示。恩氏黏度是一种条件黏度。所谓条件黏度，简单地说，就是用某种黏度计在规定的条件下测得的黏度。用200ml温度为t℃的燃油通过恩氏黏度计的标准容器流出所需时间与同体积的20℃的蒸馏水由同一标准容器中流出时间之比，称为该油在t℃时的恩氏黏度，用符号°E_t表示(具体测定方法可以参看国家标准GB/T 266—1988《石油产品恩氏黏度测定法》)。

当恩氏黏度°E>3.2时，恩氏黏度°E与运动黏度ν之间的换算公式如下：

$$\nu=(7.6°E-\frac{4}{°E})\times10^{-6}(m/s) \tag{1-11}$$

当恩氏黏度1.35≤°E≤3.2时

$$\nu=(8°E-\frac{8.64}{°E})\times10^{-6}(m/s) \tag{1-12}$$

燃油的黏度与温度有关，它随着温度升高而降低。因此，对于高黏度的燃油如重油，为了保证其在管道中顺利输送与在喷嘴处良好的雾化，必须对它进行预热，温度对黏度的影响不是均衡的，一般来说，在温度50℃以下，影响较强烈；在温度50~120℃，则其影响相对较小，尤其对于黏度小的油更是这样；而在120℃以上，可以说几乎没有影响(个别的高黏度油除外)。

此外，燃油的黏度还与燃油的组分和燃油的压力有关，随着燃油的沸点范围提高以及其中所含的烃的相对分子质量增大，燃油的黏度亦相应增高。所以，燃油黏度是按照下列油品顺序依次递增，即汽油、宽馏分、煤油、柴油以及重油。汽油的黏度最小且随温度的变化亦最不明显，故在汽油技术规格中一般不规定该项指标。煤油的黏度较汽油为大，且随温度的变化也较汽油显著，故它对喷气发动机的工作有一定的影响。柴油的黏度则比煤油大得多，且各种柴油间的黏度相差也很大，同时它随温度的变化亦很剧烈，故黏度对柴油来说是一个很主要的物性参数。重油的黏度则更大，在50℃时的恩氏黏度可高达200°E。

重油在常温下，是一种黏稠的黑色流体，不易流动，我国石油多是石蜡基石油，含蜡多，黏度大，所以我国重油黏度也比较大，凝固点一般在30℃以上，因此在常温下大多数重油都处于凝固状态。为了便于输送和燃烧，必须把重油加热，以便降低黏度，提高其流动性和雾化性。

为使重油能在管道中顺利输送，须将重油预热到30~60℃。欲使重油能获得良好雾化燃烧，就要求进入油枪时黏度在5°E以下，这样重油就必须预热到80~110℃或更高。注意燃油的加热温度不能超过140℃，否则燃油会析炭。析炭会造成喷嘴堵塞。压力对黏度也有影响，在压力较低时(1~2MPa)，可以不计。但在压力较高时，黏度则随压力升高而变大。如图1-7所示为恩氏黏度计。

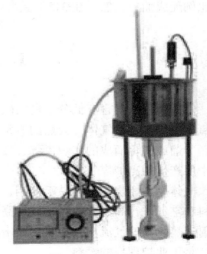

图1-7 恩氏黏度计

1.2.4.5　凝固点

凝固点是指当温度降低到某一值时，燃油变得很稠，致使盛有燃油的器皿倾斜45°时，其中燃油油面在一分钟内可保持不动。显然凝固点越高，低温流动性就越差。当温度低于凝固点时，燃油就无法在管道中输送。因此，为确保在寒冷季节时燃油系统正常工作，就必须采取必要的防冻措施或预热。故燃油的凝固点对寒冷地区来说是一个很重要的技术指标。

油的凝固点与它的组成有关。一般说，重质油较高，轻质油较低，如重油凝固点一般在15~36℃或更高，而轻柴油则在-35~20℃。按国家标准，柴油是按其凝固点高低来分等级，如轻柴油可分成5#、0#、-10#、-20#、-35#和-50#六级，重柴油则分成 RC3-10、RC3-20 和 RC3-20 三级。等级号码就是它的凝固点的数值，如-10#轻柴油就是它的凝固点为-10℃，RC3-20重柴油就是指它的凝固点为20℃。

1.2.4.6　残炭率

这是燃用重油的一个重要指标。所谓重油残炭率，系指重油在隔绝空气的条件下加热，蒸发出油蒸气后所剩下的固体碳素（以质量分数表示）。我国重油的残炭率较高，一般在10%左右。

残炭率高，则火焰黑度高，火焰辐射能力强，但残炭率高的燃油在燃烧时易析出大量固体炭粒而难以燃烧完全。此外还易在喷嘴出口处造成雾化不良，引起积炭结焦，影响正常燃烧过程。

1.2.4.7　掺混性

在使用重油作燃料时，有时需将不同来源的重油互相掺混使用，这时可能会有沥青、含蜡物质等固体沉淀物或胶状半凝固体出现。这样就会发生输油管路堵塞，造成停产等重大生产事故。这种现象的产生是由于不同来源的重油，它们的化学稳定性彼此不一样之故。实践表明，用直馏重油配制成的燃料油、其化学性质比较稳定，掺混性好，因而可以把不同牌号的重油混合使用；而裂化重油，在混合使用前必须先做掺混性试验，其方法是按预定比例配成油料，然后在315℃温度以下加热20h，观察有无固体凝块附着在管壁上。

1.3　气体燃料

气体燃料一般含有低分子量的碳氢化合物、氢和一氧化碳等可燃气体，并常含有氮和二氧化碳等不可燃气体。天然的有沼气、天然气、液化气等。经过加工而成的有由固体燃料经干馏或气化而成的焦炉煤气、发生炉煤气等，石油加工而得的石油气，以及由炼铁过程中所产生的高炉煤气等。

气体燃料燃烧完全且易于控制，容易实现烧嘴的空气、燃料自动比例调节，还可以对燃料和空气进行高温预热，从而提高燃烧效能和有效的节约燃料。使用气体燃料可以实现辐射加热、高速气流均匀加热、冲击加热、辐射管加热和少无氧化加热等各种加热工艺要求，是工业炉理想的燃料。

气体燃料一般可分为两类：天然气和人造煤气。

以某机械工厂工业炉使用的燃料为例，主要为各种煤气，包括发生炉煤气、焦炉煤气、天然气等。少数情况下也使用液化石油气、液化天然气和混合煤气。各种煤气的一般组成见表1-11。

表1-11 各种煤气的一般组成

煤气名称		空气发生炉煤气（烟煤）	空气发生炉煤气（无烟煤）	富氧空气发生炉煤气	水煤气	混合发生炉煤气	焦炉煤气	天然气	高炉煤气
干煤气体积成分/%	CO_2+H_2S	3~7	3~7	6~20	10~20	5~7	2~5	0.1~6	10~12
	O_2	0.1~0.3	0.1~0.3	0.1~0.2	0.1~0.2	0.1~0.2	0.3~1.2	0.1~0.4	—
	C_nH_m	0.2~0.4	—	0.2~0.8	0.5~1	—	1.6~3	0.5	—
	CO	25~30	24~30	27~40	22~32	35~40	4~25	0.1~4	27~30
	H_2	11~15	11~15	20~40	42~50	47~52	50~60	0.1~2	2.3~2.5
	CH_4	1.5~3	0.5~0.7	2.5~5	6~9	0.3~0.6	18~30	98	0.1~0.3
	N_2	47~54	47~54	10~45	2~5	2~6	2~13	1~5	55~58
密度/(kg/Nm³)	煤气	1.1~1.13	1.13~1.15	—	0.7~0.74	0.7~0.71	0.45~0.55	0.7~0.8	—
	烟气	1.3~1.35	1.34~1.36	—	1.26~1.3	1.28	1.21	1.24	—
低发热量/(kJ/Nm³)		5020~6280	5020~5230	6280~7540	10470~11720	8370~9210	14650~18840	33490~37680	3730~4060

注：C_nH_m泛指C_2H_4、C_2H_6、C_4H_{10}等。

1.3.1 天然气

天然气是由低分子的碳氢化合物、硫化氢(H_2S)以及少量的N_2、CO_2、水蒸气和矿物杂质组成的。其热值很高，Q_{dw}^y = 33500~54400kJ/Nm³。由于产地不同，天然气成分存在很大区别。

天然煤气可分为气田气和油田气两种。

气田气是从地下气层中引出的，其主要成分是甲烷，体积分数可高达95%~98%，还有2%~3%的相对分子量稍大的烷类化合物，如乙烷、丙烷等。气田气中的CO_2、N_2和H_2S的体积分数很少，通常在1%~2%以下，其密度为0.5~0.7kg/m³。

油田气主要产于油田附近，为石油的伴生物，是伴随石油一起开采出来的，主要成分仍是甲烷，但其体积分数比气田气稍低些，约为75%~87%；乙烷、丙烷等稍重的碳氢化合物约占10%，CO_2约占5%~10%，氮和硫的体积分数一般较低。其密度为0.6~0.8kg/m³。

气田气的压力很高，而油田气的压力略低些，将它们送入燃烧设备前必须进行减压。为了存储和运输的方便，常将油田气加压液化。而气田气液化较难，常压下要冷冻到-162℃才能液化，因而通常使用管道输送。

天然气属于高热值煤气，是一种优质燃料，同时也是理想的化工原料。天然气开采成本低，是一种廉价燃料。它除了可做各种燃料外，还可作为人造石油和其他化学工业（如化肥、塑料、橡胶、药品、染料等）的原料。

压力、温度和含水量是气体燃料的一些特性参数，天然气的压力相当高，在送入燃烧设备前必须减压，而它的温度不高，含水量也不多。

我国某些油气田天然气典型成分见表1-12，世界其他地区生产的天然气的组成见表1-13。

表1-12　我国某些油气田的天然气典型成分　　　　　　　　　%(体积)

油气田名称		CH_4	C_2H_6	C_3H_8	C_4H_{10}	CO_2	N_2	其他
大庆油田	伴生气	79.15	1.9	7.6	5.62	—	—	5.73
	气井气	91.3	1.96	1.34	0.9	0.2	0.38	3.92
胜利油田	伴生气	86.6	4.2	3.5	2.6	0.6	1.1	1.4
	气井气	90.7	2.6	2.8	0.7	1.3	0.7	1.2
大港油田		76.29	11	0.5	4	1.36	0.71	6.14
辽河油田		71.5	8.5	8.5	5	1	1	4.5
台湾铁砧山		88.14	5.97	1.95	0.43	2.26	—	1.25

表1-13　世界其他地区的天然气的组成　　　　　　　　　　%(摩尔)

产地	CH_4	C_2H_6	C_3H_8	C_4H_{10}	CO_2	N_2	其他
阿尔及利亚	87.2	8.61	2.74	1.07	—	0.36	0.02
格罗宁根，荷兰	81.2	2.9	0.36	0.14	0.87	14.4	0.13
卑尔根，科威特	86.7	8.5	1.7	0.7	1.8	0.6	0
利比亚	70	15	10	3.5	—	0.9	0.6
北海，巴克顿	93.63	3.25	0.69	0.27	0.13	1.78	0.25

1.3.2　人造煤气

人造气体燃料通常是某种工艺过程(如炼焦、炼铁)中的副产物，它的组成随各种过程而异。一般来说，人造气体燃料中的不可燃组分较多，尤其是氮，可达60%左右。此外还有水蒸气、煤粒和灰粒等杂质。

人造气体燃料有高炉煤气、焦炉煤气、发生炉煤气、液化煤气、地下气化煤气以及其他煤炭气化的煤气等。

(1)高炉煤气

高炉煤气是高炉炼铁时的副产品。高炉煤气的成分与高炉燃料的种类、炼铁的品种及高炉的冶炼工艺有关。一般说，其主要可燃成分是CO(约占25%~31%)，其次是H_2(约占2%~3%)，甲烷的体积分数不超过1%，并含有大量的N_2(约占57%~60%)和CO_2(约占4%~10%)，因而高炉煤气的热值不高。低位热值约为3450~4180kJ/Nm³。高炉煤气中还含有相当多的灰尘，因此使用前应当净化，例如用水洗涤。这种处理将使煤气中水分含量较高，一般会达到煤气在该温度下的饱和含水量。高炉煤气主要作为热风炉、锅炉和加热炉的燃料，也可用于发电。由于CO的燃烧速度较慢，因而高炉煤气是一种较难燃烧的气体燃料。此外，由于CO的毒性较大，使用时应特别注意人身安全。

(2)焦炉煤气

焦炉煤气是用煤炼焦时的副产品。煤在1000℃高温的焦炉炭化室内进行干馏，得到的可燃气体称为焦炉煤气。1t煤炼焦大约可得到730~780kg焦炭，同时得到300~350Nm³焦炉煤气。焦炉煤气密度约为 $0.5kg/m^3$。焦炉煤气主要成分见表 1-14，其中主要的可燃成分是 H_2、CO、CH_4，焦炉煤气中的惰性气体含量很少，N_2 和 CO_2 共 8%～16%。焦炉煤气的热值较高，低位热值约为 13200～20900kJ/Nm^3。

焦炉煤气可作为生活用煤气，也可以和高炉煤气混合成热值约 8360kJ/Nm^3 的混合煤气作为锅炉和加热炉的燃料。

表 1-14　焦炉煤气成分　　　　　　　　%（体积）

H_2	CH_4	C_mH_n	CO	CO_2	N_2	O_2
55～60	24～28	2～4	6～8	2～4	4～7	0.4～0.8

（3）发生炉煤气

发生炉煤气就是将固体燃料煤在煤气发生炉中进行气化而得到的一种人造气体燃料。它是煤的气化技术的一种，煤的气化过程是一种化学过程，在一定高温条件下，借助某种汽化剂将煤的可燃质转化为可燃气体。根据所采用汽化剂的不同，可以有空气发生炉煤气、空气/水蒸气混合发生炉煤气和水煤气三种，各种煤气的主要组成和发热量如表 1-15 所示。

表 1-15　各种发生炉煤气的组成

名称	汽化剂	组成成分/%						发热量/ （kJ/Nm^3）
		H_2	CO	CO_2	N_2	CH_4	O_2	
空气发生炉煤气	空气	13	29.1	4.2	52	1.5	0.2	5970
空气/水蒸气混合发生炉煤气	空气/水蒸气	12.8	26.65	4.0	53.1	3.3	0.2	6060
水煤气	水蒸气	46.15	25.5	18	4.2	6.0	0.15	11539

从上表中可看出，空气发生炉煤气的主要可燃成分是 CO 和 H_2。但由于其中含有较多的不可燃气体，因此 CO 和 H_2 的含量就相对较少，故其发热量不高，Q_{dw}^y = 3770～4600kJ/Nm^3，属于低热值的煤气。在水煤气中因为 CO 和 H_2 的含量相对较高，它的发热量就高，Q_{dw}^y = 10000～11300kJ/Nm^3，与焦炉煤气同属高热值煤气。它一般不作为锅炉燃料用，而是作为工业炉的高级燃料和化工原料。但是在工业中最常用的工业炉燃料却是空气/水蒸气混合发生炉煤气（有时就简称发生炉煤气），它的发热量介于上述两者之间。这是因为当用空气作为汽化剂制取煤气时，反应温度高，易使灰渣熔化，阻塞气流，影响气化过程的正常进行，另外空气发生炉煤气发热量太低，不能满足高温工业炉的要求，故未被广泛应用。水煤气发热量虽高，但因制取工艺和设备比较复杂，故作为工业炉燃料也未得到推广。所以最常用的办法为：在空气中加入适量的水蒸气，在高温条件下由于水蒸气分解以及与碳进行还原反应，需吸收大量热量，这就避免了反应区温度过高，同时又增加了煤气中的可燃组分氢。因此，在工业上获得普遍采用。空气/水蒸气混合发生炉煤气的组成与发热量和所采用的煤种与使用的化学工艺有关。作为原料的煤种主要是烟煤，有时候也采用褐煤及无烟煤（例如在煤的产区）。

（4）地下气化煤气

地下气化煤气就是对在技术上不宜开采的薄煤层或混杂大量硫和矿物杂质的煤层利用地下气化的方法获得的可燃气体。这是一种最经济、最合理利用煤矿资源的办法。我国目前还没有地下气化煤气的生产。

地下气化煤气的组分变化较大，它是属于热值低的煤气，其热值为 $Q^y_{dw} = 3350 \sim$ 4190kJ/Nm³。

（5）人工沼气

人工沼气是利用人畜粪便、食物秸秆、野草、海藻、城市垃圾和工业的有机废物等经过厌氧发酵在酵解作用下产生的一种可燃气体。其主要组成为甲烷（CH_4），体积百分比约为 60%，还有少量的 CO、H_2、H_2S 等。它的热值达 $Q^y_{dw} = 20900$kJ/Nm³，较一般城市煤气高。

（6）液化煤气（或液化石油气 LP）

液化煤气是炼油厂在石油炼制过程中的副产品。它的主要组分含有 3~4 个碳原子的烃类，主要是丙、丁烷（烯）混合物，这些轻的烃类，在常温下加压（约 1.6MPa）便能液化，可用高压罐储存。而使用时，减压使其气化，因此，它既具有气体燃料使用简便，同时又具有液体燃料储藏和运输方便的优点，故可用作点燃内燃机的燃料，这时内燃机性能可超过燃用汽油的内燃机。此外，液化煤气还可作为重要的化工原料。液化煤气是一种热值相当高的气体燃料，气态时热值 $Q^y_{dw} = 87900 \sim 108900$kJ/m³，液态时热值 $Q^y_{dw} = 45200 \sim$ 46100kJ/kg。

（7）重油裂化气

随着石油工业的发展，用重油造气也得到了发展。

重油造气的方法很多，例如热解法和催化裂解法等，它们本质上都是使高分子液体碳氢化合物（原油、重油）在 800~900℃ 温度条件下通过水蒸气的作用发生分解，以便得到分子量较小的气态碳氢化合物和氢气、一氧化碳等可燃气体。

在热分解过程中，碳氢化合物主要发生以下反应：

C—C 链结合链发生断裂，形成分子量较小的碳氢化合物，例如：

$$C_n H_{2n+2} \longrightarrow C_m H_{2m+2} + C_{m'} H_{2m'} \quad (m+m'=n) \tag{1-13}$$

C—H 链结合链发生分解放出氢气，例如：

$$C_n H_{2n+2} \longrightarrow C_n H_{2n} + H_2 \tag{1-14}$$

转化反应（异化反应）

结合反应（环化，热聚合）

通过上述热解反应所得到的煤气，一般来说，含重碳氢化合物较多，含氢较少，其成分如表 1-16 所示。

表 1-16　热解反应所得到的煤气成分　　　　　%（体积）

CO_2	C_3H_6	C_2H_4	O_2	CO	H_2	C_2H_6	CH_4	N_2	Q^y_{dw}
4.3	8.0	22.6	1.2	5.9	17.8	1.8	32.7	5.7	39685

为了改善热解煤气的质量，可以利用催化剂来促使反应的进行，即加速水蒸气的中重整作用，以便抑制游离碳的析出，提高氢气含量，得到高质量的油煤气。这就是所谓的催化裂解法，我国目前使用的就是这种方法，用镍基催化剂来促进蒸汽重整反应。

1.3.3　气体燃料的成分表示方法及发热量

由于煤气的来源和种类不同，所以它们的化学组成和发热量也不相同。气体燃料的化学组成是用所含各种单一气体的体积百分数来表示，并有湿成分(用上角标 s 表示)和干成分(用上角标 g 表示)两种表示方法。所谓气体燃料的湿成分，指包括水蒸气在内的成分，即

$$CO^s\% + H_2^s\% + CH_4^s\% + CO_2^s\% + \cdots + N_2^s\% + O_2^s\% + H_2O^s\% = 100\%$$

气体燃料的干成分则不包括水蒸气，即

$$CO^g\% + H_2^g\% + CH_4^g\% + CO_2^g\% + \cdots + N_2^g\% + O_2^g\% = 100\%$$

燃气的干湿成分的换算是通过该温度下燃气的含水量来换算的。燃气的含水量是单位体积的干燃气中所含水蒸气的质量，也称含湿量，用符号 φ 表示，单位为 g/m^3。燃气中的含湿量直接影响燃气的品质、燃烧工况及燃烧设备的热效率，是造成输气管道内壁腐蚀的重要因素之一。因此应尽量减少燃气的含湿量。经过脱水处理的天然气的含湿量一般为非饱和状态。

在一定的温度和压力下，干燃气中的最大含湿量称为饱和含湿量，其值随压力增加而减小，随温度增加而增加。如果燃气中的含湿量没有给出具体数据，气体燃料中所含的水分按该温度下的饱和水蒸气量计算(可以参考同温度下干空气的含水量数值)。当温度变化时，气体中的饱和水蒸气量也随之变化，因而气体燃料的湿成分也将发生变化。为了排除这一影响，在一般技术资料中都用气体燃料的干成分来表示其化学组成的情况。

燃气中的水分含量 φ 通常表示为 $1m^3$ 干气体中的水分含量 (g/m^3)，它在通常的情况下，相当于某温度下的饱和水蒸气含量，将燃气中的水分含量 φ 换算为体积含量，即为

$$\varphi \times \frac{22.4}{18} \times \frac{1}{1000} = 0.00124\varphi \, (m^3/m^3) \tag{1-15}$$

$$H_2O^s\% = \frac{0.00124 \cdot \varphi}{1 + 0.00124 \cdot \varphi} \times 100\% \tag{1-16}$$

燃料干湿成分换算公式

$$X^s\% = X^g\% \frac{100 - H_2O^s}{100} \tag{1-17}$$

式中 H_2O^s——$100m^3$ 湿气体所含水蒸气的体积。

在工程上进行气体燃料燃烧计算时，可以用 $1Nm^3$ 的湿燃气为基准，也可以用含有 $1Nm^3$ 干燃气及 φ (g)水蒸气的湿燃气为基准，其中 φ 为含湿量单位为 g(水蒸气)/ Nm^3(干燃气)。气体燃料是以体积百分含量表示的，本书没有特殊说明，在进行燃烧计算时，全部采用气体燃料的湿成分作为计算数据。

气体燃料因为是由一些具有独立化学特性的单一可燃气体所组成，而每种单一可燃气体的发热量可以精确的测定。因此，气体燃料的发热量可以按每单一可燃气体组成的发热量计算后相加起来，见表 1-17。

表 1-17　可燃气体的发热量(Q_{dw})　　　　　　　　　　　　　　　　kJ/Nm³

可燃气体	氢气 H₂	一氧化碳 CO	甲烷 CH₄	乙烷 C₂H₆	丙烷 C₃H₈	乙炔 C₂H₂	乙烯 C₂H₄	丙烯 C₃H₆	硫化氢 H₂S
发热量	10800	12700	36000	64400	93600	56500	59500	86300	23100

气体燃料的发热量可由实验测定(容克式量热计)，也可根据化学成分用下式计算：

$$Q_{gw} = 12700 \times CO\% + 12770 \times H_2\% +$$

$$\cdots + 39900 \times CH_4\% + 63850 \times C_2H_4\% + 25100 H_2S\% \tag{1-18}$$

$$Q_{dw} = 12700 \times CO\% + 10800 \times H_2\% +$$
$$\cdots + 36000 \times CH_4\% + 59500 \times C_2H_4\% + 23100 H_2S\% \qquad (1-19)$$

例 1-1 已知某煤的成分，$C^r\% = 80.67\%$，$H^r\% = 4.85\%$，$N^r\% = 0.8\%$，$S^r\% = 0.58\%$，$O^r\% = 13.1\%$，$A^g\% = 10.92\%$，$W^y\% = 3.2\%$，试计算各应用基成分，按门捷列夫公式计算燃料的低位发热量。

解： 由干燥基灰分 A^g 换算为应用基灰分 A^g 的换算系数，查表 1-5 得由干燥基灰分换算为应用基灰分的换算系数为 $\dfrac{100 - W^y}{100} = \dfrac{100 - 3.2}{100} = 0.968$

$$A^y = A^g \cdot \frac{100 - W^y}{100} = 10.92\% \cdot \frac{100 - 3.2}{100} = 10.57\%$$

由可燃基换算为应用基的换算系数 $\dfrac{100 - (A^y + W^y)}{100} = \dfrac{100 - (3.2 + 10.57)}{100} = 0.862$

$$C^y\% = C^r\% \cdot \frac{100 - (A^y + W^y)}{100} = 80.67\% \cdot \frac{100 - (3.2 + 10.57)}{100} = 69.54\%$$

$$H^y\% = H^r\% \cdot \frac{100 - (A^y + W^y)}{100} = 4.85\% \cdot \frac{100 - (3.2 + 10.57)}{100} = 4.18\%$$

$$N^y\% = N^r\% \cdot \frac{100 - (A^y + W^y)}{100} = 0.8\% \cdot \frac{100 - (3.2 + 10.57)}{100} = 0.69\%$$

$$S^y\% = S^r\% \cdot \frac{100 - (A^y + W^y)}{100} = 0.58\% \cdot \frac{100 - (3.2 + 10.57)}{100} = 0.5\%$$

$$O^y\% = O^r\% \cdot \frac{100 - (A^y + W^y)}{100} = 13.1\% \cdot \frac{100 - (3.2 + 10.57)}{100} = 11.28\%$$

$$Q_{dw} = 339C + 1030H - 109(O - S) - 25W$$
$$= 339 \times 69.54 + 1030 \times 4.18 - 109 \times (11.28 - 0.5) - 25 \times 3.2$$
$$= 26624.44 \text{ kJ/kg}$$

作 业 题

1. 说明煤的化学组成及各组分对煤质的影响。
2. 何为煤的黏结性？何为煤的结焦性及结渣性？它对煤燃烧有何影响？
3. 何谓燃料高位发热量和低位发热量？为什么热力计算中要用燃料的应用基低位发热量？
4. 根据母体物质炭化程度不同，可将煤分为哪四大类？（按其含碳量进行排序）？
5. 煤中水分有几种存在形式？同一种煤，不同含水量之间如何换算？
6. 煤中硫分有几种存在形式？简要说明它们对燃烧性能的影响。
7. 煤的化学成分有几种表示法？为什么要用不同的成分表示法？试推导各种基之间的换算系数。
8. 燃油的闪点、燃点及着火点的相互关系？
9. 什么是黏度，重油的黏度有哪些表示法？
10. 重油在什么情况下容易析炭？析炭对重油的燃烧会产生什么影响？

2 燃料燃烧计算

工业炉或锅炉的设计过程中，燃烧装置、鼓风系统以及排烟系统的设计是基础，因此，应根据设计要求的热负荷，依据燃烧反应的物质平衡，计算燃料需要量、助燃空气量、燃烧产物的生成量、成分和密度。进行热工计算或进行热工实验、热工分析时也要求先进行空气需要量和燃烧产物生成量、密度、成分的计算。另外，工业炉或锅炉炉内温度的高低是保证炉子工作的重要条件，而决定炉内温度的最基本因素是燃料燃烧时燃烧产物达到的温度，工业炉或锅炉设计之初，应根据热量平衡计算燃烧产物温度。

炉子运行起来后，为了判断燃烧室或炉膛中实际达到的数量关系，以便控制燃烧过程，还必须对进行的实际燃烧过程进行检测计算。

总之，燃料只有在完全燃烧时才能放出最多的热量，因此一般燃烧装置设计都以达到完全燃烧为目的。为了达到完全燃烧，应当很好组织燃烧过程并对燃烧过程是否完善进行检测，为此必须进行燃料的燃烧计算，以获得以下有关燃烧过程的重要数据：

(1) 燃料燃烧时所需要的空气量；

(2) 燃烧产物的生成量、成分及温度；

(3) 根据燃烧装置测出的烟气成分，求出燃料与空气的配合比例和不完全燃烧热损失。

在进行这些计算时，为了简化计算，在工程上计算准确度允许的范围内做如下假定：

(1) 对空气和烟气中所有组分，包括水蒸气都作为理想气体处理；

(2) 略去空气中微量气体及 CO_2。

2.1 空气需要量和燃烧产物生成量的计算(完全燃烧)

空气和燃烧产物(烟气)都是各种气体的混合物。在计算空气量和烟气量时，认为混合气体的组分都是理想气体，在计算中把所有气体的容积都折算到标准状态($0℃$、$101325Pa$)下，这时气体的容积以标准立方米(记为 Nm^3)表示。在标准状态下，$1000mol$ 气体的容积为 $22.4Nm^3$。

当每 kg 或每 Nm^3 燃料中的可燃组分完全燃烧(烟气中无可燃组分)，而空气中的氧全部用完，这种理想情况下燃烧所需的空气量称为理论空气量，以 V_k^0 表示，生成的烟气量称为理论烟气量，用 V_y^0 表示，上述数值与燃料的成分有关，对于固体和液体燃料的 V_k^0 值可根据燃料的元素分析的应用基成分计算。对于气体燃料的 V_k^0 值可根据燃料湿成分计算得到。

以下计算的理论空气量 V_k^0、实际空气量 V_k，理论烟气量 V_y^0、实际烟气量 V_y 都是对应于 1kg（固体和液体）燃料或 $1Nm^3$（气体燃料）的。

显然，这时燃烧产物中将包含 CO_2、SO_2、H_2O、剩余氧气和惰性气体氮气，并称为完全燃烧产物。

固体和液体燃料由 C、H、O、N、S、A、W 组成，其中主要可燃元素 C、H 和少量的 S 与氧反应时，参与反应的各元素的原子数在反应前后其总值不变。表示与氧反应的化学反应的反应前后物质的量的关系如下：

$$C+O_2 \longrightarrow CO_2+408177(J/mol) \qquad (2-1)$$

$$H_2+\frac{1}{2}O_2 \longrightarrow H_2O(\uparrow)+241646(J/mol) \qquad (2-2)$$

$$S+O_2 \longrightarrow SO_2+289055(J/mol) \qquad (2-3)$$

另外，化学反应的反应物和生成物之间在物质的量上都存在着严格的对应关系，例如，在反应式(2-1)中，1mol 的碳与 1mol 的氧发生氧化反应必将产生 1mol 的二氧化碳，同时释放出 408177J 的热量；而在反应式(2-2)中，则表示了 1mol 的氢气与 0.5mol 的氧发生氧化反应，将产生 1mol 的水蒸气，同时释放出 241646J 的热量。

如果把各物质的量乘上它相应的摩尔质量，就可把反应的物质的量关系式转换成质量关系式，如反应式(2-1)就可写成

$$(12kg)C+(32kg)O_2 \longrightarrow (44kg)CO_2 \qquad (2-4)$$

因为燃料燃烧所需要的氧气是由空气所供给，而空气是一种主要由氧气和氮气所组成的混合气体，根据空气的组成（见表 2-1），为了供给 1mol 的氧气，就必须附带带入 3.76mol 的氮气和其他气体等，因此，碳与氢的燃烧反应式亦可写成如下形式：

$$(1mol)C+(1mol)O_2+(3.76mol)3.76N_2 \longrightarrow (1mol)CO_2+(3.76mol)3.76N_2 \qquad (2-5)$$

$$(2mol)2H_2+(1mol)O_2+(3.76mol)3.76N_2 \longrightarrow (2mol)2H_2O+(3.76mol)3.76N_2 \qquad (2-6)$$

表 2-1　空气的组成

空气的组成		相对 1kg 氧	相对 1mol 氧
质量分数/%	体积分数/%	质量/kg	摩尔/mol
氧 23.2	氧 21	空气 4.31	空气 4.76
氮 76.8	氮 79	氮 3.31	氮 3.76

一般高温下，氮气不参与燃烧反应，并不影响燃料与氧气的氧化反应。在温度很高时，氮气分子才会解离变成氮原子，而与氧原子结合形成氮氧化物。

2.1.1　固体和液体燃料空气需要量和燃烧产物生成量的计算

固体和液体燃料计算时，是以元素分析的应用基成分表示的，本节没有特殊说明，计算式中的燃料成分全部采用的是应用基成分。

2.1.1.1　固体燃料和液体燃料所需理论空气需要量的计算

计算每 kg 燃料完全燃烧应配给的空气量是根据燃料中可燃元素与氧之间的反应式求得，单位质量燃料完全燃烧所需空气量可由各元素燃烧所需空气量相加而得。

已知燃料应用基成分（质量分数）为

$$C\% + H\% + O\% + N\% + S\% + A\% + W\% = 100\% \tag{2-7}$$

按完全燃烧的化学反应方程式，其中碳燃烧时为

$$C + O_2 \longrightarrow CO_2 \tag{2-8}$$

数量关系为

$$12 + 32 = 44(\text{kg})$$

$$1 + \frac{8}{3} = \frac{11}{3}(\text{kg/kg})$$

上述数量关系表明：12kg 碳燃烧时，理论上应配给 32kg 的氧，或 1kg 碳燃烧应配给$\frac{32}{12} = \frac{8}{3}$kg 的氧，若每千克含碳$\frac{C}{100}$kg，则每千克燃料中的碳完全燃烧所需的氧气量为：$\frac{8}{3} \times \frac{C}{100}$kg。

依此类推：

氢燃烧时

$$4H + O_2 \longrightarrow 2H_2O \tag{2-9}$$

数量关系为

$$4 + 32 = 36(\text{kg})$$

$$1 + 8 = 9(\text{kg/kg})$$

若每千克含氢$\frac{H}{100}$kg，则每千克燃料中的氢完全燃烧所需的氧气量为：$8 \times \frac{H}{100}$kg。

硫燃烧时

$$S + O_2 \longrightarrow SO_2 \tag{2-10}$$

数量关系为

$$32 + 32 = 64(\text{kg})$$

$$1 + 1 = 2(\text{kg/kg})$$

若每千克含硫$\frac{S}{100}$kg，则每千克燃料中的硫完全燃烧所需的氧气量为：$1 \times \frac{S}{100}$kg。

同时，燃料中所含氧成分也会参与燃烧，故在计算燃烧需氧量时，应该减去燃料中的这部分氧量。

每千克固体或液体燃料完全燃烧时所需要的氧气量(质量)为

$$G_{O_2}^0 = \left(\frac{8}{3}C + 8H + S - O\right) \cdot \frac{1}{100}(\text{kg/kg}) \tag{2-11}$$

由于标准状况下氧的密度为 $32/22.4 = 1.429(\text{kg/m}^3)$，故换算为体积需要量为

$$V_{O_2}^0 = \frac{1}{1.429}\left(\frac{8}{3}C + 8H + S - O\right) \cdot \frac{1}{100}(\text{Nm}^3/\text{kg}) \tag{2-12}$$

在不估计任何其他因素影响的前提下，按照化学反应式的配平系数计算的氧气需要量是理论上应配给的最少氧气量，称为"理论氧气需要量"($G_{O_2}^0$ 或 $V_{O_2}^0$)。如果燃料以空气为助燃剂，且使用的是普通空气，其中氧气所占空气质量分数为 23.2%，氧气所占空气体积分数为 21%。将公式(2-11)和式(2-12)分别除以空气中氧的含量(注：如果使用富氧或贫氧的空气，则按实际含氧量计算)，便得到每 kg 燃料完全燃烧时需要的空气量，称为"理论空气需要量"(G_k^0 或 V_k^0)。

计算式为

$$G_k^0 = \frac{1}{0.232}\left(\frac{8}{3}C + 8H + S - O\right) \cdot \frac{1}{100}(\text{kg/kg}) \tag{2-13}$$

$$V_k^0 = \frac{1}{1.429 \times 0.21}\left(\frac{8}{3}C + 8H + S - O\right) \cdot \frac{1}{100}(\text{m}^3/\text{kg}) \tag{2-14}$$

2.1.1.2　固体燃料和液体燃料的实际空气需要量

在实际条件下为保证炉内燃料完全燃烧，常常供给炉内比理论值多一些的空气，燃料燃烧通入过剩空气量是为了弥补各种不理想因素，而有时为了得到炉内的还原性气氛，便供给少一些空气。在实际条件下燃料完全燃烧或不完全燃烧所需的空气量为实际空气消耗量(V_k)，实际空气消耗量与理论空气消耗量之比 $\alpha = \dfrac{V_k}{V_k^0}$ 称为"空气消耗系数"或"空气系数"，并以符号 α 表示。如通入大于理论空气消耗量的过剩空气量，此时 $\alpha>1$；如通入小于理论空气消耗量的过剩空气量，此时 $\alpha<1$。

实际空气消耗量 V_k 表示为

$$V_k = \alpha V_k^0 \tag{2-15}$$

燃烧装置设计和运行时，最佳的 α 值随燃料性质和燃烧装置的结构而变化，与空气易于混合的易燃燃料及设计完善的燃烧装置，最佳的 α 值越小。α 值是在设计炉子或燃烧装置时根据经验预先选取的，或是根据实测确定的。预先确定 α 值（参考表2-2），用式(2-14)计算出 V_k^0 值，便可以按式(2-15)计算实际空气消耗量 V_k 值。

表 2-2　空气消耗系数 α 值参考表

燃料种类	燃烧方法	α 值
固体燃料	人工加煤	1.2~1.4
	机械加煤	1.2~1.3
	粉状燃烧	1.05~1.25
液体燃料	低压烧嘴	1.10~1.15
	高压烧嘴	1.20~1.25
气体燃料	无焰燃烧	1.03~1.05
	有焰燃烧	1.05~1.20

用于助燃的空气中也含有一定量的水蒸气，当要求精确计算时，应当把空气中含有的水蒸气计算在内。一般情况下，空气中的水蒸气含量可按相应温度下的饱和湿度计算，由理论空气量带入的水蒸气，一般认为空气中含有水蒸气 $\varphi=10g$ 水蒸气/kg 干空气，因为干空气的密度为 1.293kg/Nm³，水蒸气的密度为 0.804kg/Nm³，则1Nm³空气中含有水蒸气的体积应为

$$\frac{1.293 \times 0.01}{0.804} = 0.0161（Nm^3\ 水蒸气/Nm^3\ 干空气）$$

那么由理论空气量 V_k^0 带入的水蒸气体积为 $0.0161V_k^0$，则估计含水分的湿空气消耗量为

$$V_k = \alpha V_k^0 + 0.0161 \cdot \alpha V_k^0 \tag{2-16}$$

由上述计算过程可以看出，V_k 值与 α 值和 V_k^0 有关，而 α 值是与燃烧条件有关的。根据燃烧设备和操作条件选取的 α 值越大，V_k 值也就越大，V_k^0 值决定于燃料的成分，燃料中可燃物含量越高，则 V_k^0 值也就越大。

2.1.1.3　固体燃料与液体燃料燃烧生成烟气量的计算

1kg 的燃料完全燃烧的烟气量（燃烧产物）的计算是根据燃烧反应的物质平衡计算的，当 $\alpha>1$ 时，包括 CO_2、SO_2、H_2O、N_2、O_2；当 $\alpha=1$ 时，不包括 O_2。当 $\alpha \neq 1$ 时称"实际燃烧产物生成量"(V_y)，当 $\alpha=1$ 时称"理论燃烧产物生成量"(V_y^0)。

V_y 表示为

$$V_y = V_{CO_2} + V_{SO_2} + V_{H_2O} + V_{N_2} + V_{O_2} \ (m^3/kg) \tag{2-17}$$

式中，V_{CO_2}、V_{SO_2}、V_{H_2O}、V_{N_2}、V_{O_2} 分别表示 1kg 燃料完全燃烧后，燃烧产物中所包含的 CO_2、SO_2、H_2O、N_2、O_2 的体积。

$\alpha>1$ 比 $\alpha=1$ 的燃烧产物中多了一部分过剩空气量，等于 V_y 和 V_y^0 的差值，可写为

$$V_y - V_y^0 = V_k - V_k^0$$
$$V_y = V_y^0 + (V_k - V_k^0) \tag{2-18}$$
$$V_y = V_y^0 + (\alpha - 1)V_k^0$$

式(2-17)中各项计算方法如下(标准状态下)：

(1) 对于固体或液体燃料，由式

$$C + O_2 \longrightarrow CO_2$$

数量关系为

$$12(kg) + 32(kg) = 44(kg)$$
$$1 + \frac{8}{3} = \frac{11}{3} \ (kg/kg)$$

上述数量关系表明：12kg 碳燃烧时，理论上生成44kg 的二氧化碳，或 1kg 碳燃烧会生成 $\frac{44}{12} = \frac{11}{3}$ kg 的氧，若每 kg 含碳 $\frac{C}{100}$ kg，则每 kg 燃料中的碳完全燃烧生成的二氧化碳质量为：$\frac{11}{3} \times \frac{C}{100}$ kg，折算成体积为

$$V_{CO_2} = \frac{11}{3} \cdot \frac{C}{100} \cdot \frac{22.4}{44} = \frac{C}{12} \cdot \frac{22.4}{100} = 0.0186C \ (Nm^3/kg) \tag{2-19}$$

(2) 依此类推，二氧化硫的体积为

$$V_{SO_2} = \frac{S}{32} \cdot \frac{22.4}{100} = 0.007S \ (Nm^3/kg) \tag{2-20}$$

将 V_{CO_2}、V_{SO_2} 合并写为 V_{RO_2}，即

$$V_{RO_2} = \left(\frac{C}{12} + \frac{S}{32}\right) \cdot \frac{22.4}{100} = 0.0186C + 0.007S \ (Nm^3/kg) \tag{2-21}$$

(3) 实际水蒸气体积 V_{H_2O} 和理论水蒸气体积 $V_{H_2O}^0$ 由四部分组成：

① 每千克燃料中所含氢燃烧后生成的水蒸气为

$$V_{H_2O}^{01} = \frac{H}{2} \cdot \frac{22.4}{100} = 0.112H \ (Nm^3/kg)$$

② 每千克燃料中所含水分汽化产生的水蒸气为

$$V_{H_2O}^{02} = \frac{W}{18} \cdot \frac{22.4}{100} = 0.0124W \ (Nm^3/kg)$$

③ 由理论空气量 V_k^0 带入的水蒸气体积为

$$V_{H_2O}^{03} = 0.0161V_k^0 \ (Nm^3/kg)$$

由实际空气量 V_k 带入的水蒸气体积为

$$V_{H_2O}^3 = 0.0161V_k \ (Nm^3/kg)$$

④ 在采用水蒸气雾化燃油时，随同燃油一起喷入的水蒸气为

$$V_{H_2O}^{04} = \frac{W_{wh}}{18} \cdot 22.4 = 1.24W_{wh} \ (Nm^3/kg)$$

式中 W_{wh} ——雾化用水蒸气消耗量，kg/kg。

综上分析可得到

$$V_{H_2O} = \left(\frac{H}{2} + \frac{W}{18}\right) \cdot \frac{22.4}{100} + 0.0161 V_k + 1.24 W_{wh} \tag{2-22}$$

$$V_{H_2O}^0 = \left(\frac{H}{2} + \frac{W}{18}\right) \cdot \frac{22.4}{100} + 0.0161 V_k^0 + 1.24 W_{wh} (Nm^3/kg) \tag{2-23}$$

（4）计算氧气的体积为

$$V_{O_2} = \frac{21}{100}(V_k - V_k^0)(Nm^3/kg) \tag{2-24}$$

（5）计算氮气的体积为

$$V_{N_2} = \frac{N}{28} \cdot \frac{22.4}{100} + \frac{79}{100} \cdot V_k = 0.008N + 0.79 V_k (Nm^3/kg) \tag{2-25}$$

$$V_{N_2}^0 = \frac{N}{28} \cdot \frac{22.4}{100} + \frac{79}{100} \cdot V_k^0 = 0.008N + 0.79 V_k^0 \tag{2-26}$$

如果不计雾化用水蒸气 W_{wh}，将式（2-21）~式（2-25）代入式（2-17）即得到含有空气中水蒸气的 V_y。整理一下表示为

$$V_y = \left(\frac{C}{12} + \frac{S}{32} + \frac{H}{2} + \frac{W}{18} + \frac{N}{28}\right)\frac{22.4}{100} + \left(\alpha - \frac{21}{100}\right) \cdot V_k^0 + 0.0161 \cdot V_k (Nm^3/kg) \tag{2-27}$$

如 $\alpha = 1$ 时，即得到 V_y^0

$$V_y^0 = \left(\frac{C}{12} + \frac{S}{32} + \frac{H}{2} + \frac{W}{18} + \frac{N}{28}\right)\frac{22.4}{100} + \frac{79}{100} \cdot V_k^0 + 0.0161 \cdot V_k^0 \tag{2-28}$$

如果不计入 V_{H_2O}，则称之为理论干烟气量 V_{gy}，即

$$V_{gy} = V_{SO_2} + V_{CO_2} + V_{N_2} + V_{O_2}(Nm^3/kg)$$

在某些测定烟气成分的仪器中，所得到的各种组成气体的百分比都是对于干烟气而言的，干烟气体积的引入很有实用意义。

燃烧产物成分表示为各组成所占的体积分数，为与燃料成分相区别，燃烧产物的成分的分子式号上加"'"，按式（2-19）~式（2-25）求出各组成的生成量，并按式（2-27）求出 V_y，便可得到燃烧产物成分，即

$$\left.\begin{array}{l} CO_2{}' = \dfrac{V_{CO_2}}{V_y} \cdot 100 \\[2mm] SO_2{}' = \dfrac{V_{SO_2}}{V_y} \cdot 100 \\[2mm] H_2O' = \dfrac{V_{H_2O}}{V_y} \cdot 100 \\[2mm] N_2{}' = \dfrac{V_{N_2}}{V_y} \cdot 100 \\[2mm] O_2{}' = \dfrac{V_{O_2}}{V_y} \cdot 100 \end{array}\right\} \tag{2-29}$$

注：上式中 CO_2、SO_2、H_2O 等用斜体表示，是指各成分含有的体积分数，下同。

将式(2-29)中的各项相加得到

$$CO_2' + SO_2' + H_2O' + N_2' + O_2' = 100$$

或

$$CO_2'\% + SO_2'\% + H_2O'\% + N_2'\% + O_2'\% = 100\% \tag{2-30}$$

由于燃烧反应前后的物质的质量相等，所以燃烧产物的密度可以用参加反应的物质(燃料与氧化剂)的总质量除以燃烧产物的体积，或是以燃烧产物的质量除以燃烧产物的体积来计算。

对于固体和液体燃料，按参加反应物质的质量计算

$$\rho = \frac{\left(1 - \dfrac{A}{100}\right) + 1.293 \cdot V_k}{V_y} (kg/m^3) \tag{2-31}$$

按燃烧产物质量计算

$$\rho = \frac{44CO_2' + 64SO_2' + 18H_2O' + 28N_2' + 32O_2'}{100 \times 22.4} (kg/m^3) \tag{2-32}$$

例 2-1 某烟煤元素分析成分如下：

%(质量)

C^y	H^y	O^y	N^g	S^g	A^g	W^y
78	6	3	2.2	4.4	2.8	4

求：(1)应用基成分；

(2)计算煤的低位发热量；

(3)不含水蒸气的理论空气需要量，实际空气量(空气过剩系数 $\alpha = 1.2$)；

(4)理论烟气量，实际烟气量(不计空气中的水蒸气)。

解：(1)应用基成分：$A^y\% = A^g\% \dfrac{100 - W^y}{100} = 2.8\% \times \dfrac{100 - 4}{100} = 2.688\%$

$$N^y\% = N^g\% \frac{100 - W^y}{100} = 2.2\% \times \frac{100 - 4}{100} = 2.112\%$$

$$S^y\% = S^g\% \frac{100 - W^y}{100} = 4.4\% \times \frac{100 - 4}{100} = 4.224\%$$

(2) 低位发热量：$Q_{dw} = 339C + 1030H - 109(O - S) - 25W$

$$= 339 \times 78 + 1030 \times 6 - 109(3 - 4.224) - 25 \times 4$$

$$= 32655.416 (kJ/kg)$$

(3) 理论空气需要量，实际空气量(不计算空气中的水分)：

$$V_k^0 = \frac{1}{1.429 \times 0.21} \left(\frac{8}{3}C + 8H + S - O\right) \cdot \frac{1}{100} (m^3/kg)$$

$$= \frac{1}{1.429 \times 0.21} \left(\frac{8}{3} \times 78 + 8 \times 6 + 4.224 - 3\right) \cdot \frac{1}{100} (m^3/kg)$$

$$= 8.57 (m^3/kg)$$

$$V_k = \alpha V_k^0 = 1.2 \times 8.57 = 10.284 (m^3/kg)$$

(4) 理论烟气量，实际烟气量（不计空气中的水蒸气）：

$$V_y^0 = \left(\frac{C}{12} + \frac{S}{32} + \frac{H}{2} + \frac{W}{18} + \frac{N}{28}\right)\frac{22.4}{100} + \frac{79}{100}V_k^0$$

$$= \left(\frac{78}{12} + \frac{4.224}{32} + \frac{6}{2} + \frac{4}{18} + \frac{2.112}{28}\right)\frac{22.4}{100} + \frac{79}{100} \times 8.57 = 8.99\,(\text{m}^3/\text{kg})$$

$$V_y = \left(\frac{C}{12} + \frac{S}{32} + \frac{H}{2} + \frac{W}{18} + \frac{N}{28}\right) \times \frac{22.4}{100} + \left(\alpha - \frac{21}{100}\right)V_k^0$$

$$= \left(\frac{78}{12} + \frac{4.224}{32} + \frac{6}{2} + \frac{4}{18} + \frac{2.112}{28}\right) \times \frac{22.4}{100} + \left(1.2 - \frac{21}{100}\right) \times 8.57 = 10.7073\,(\text{m}^3/\text{kg})$$

2.1.2　气体燃料空气需要量和燃烧产物生成量的计算

计算中以 1Nm^3 的湿燃气为基准，计算式中的成分全部采用的是燃气的湿成分。

2.1.2.1　气体燃料空气需要量的计算

已知燃料湿成分（体积分数）为：

$$CO\% + H_2\% + CH_4\% + C_nH_m\% + H_2S\% + CO_2\% + O_2\% + N_2\% + H_2O\% = 100\% \tag{2-33}$$

其中各可燃成分的化学反应式为

$$2CO + O_2 \longrightarrow 2CO_2 \tag{2-34}$$

2CO	O_2
2mol（CO）	1 mol（O_2）
1Nm^3（CO）	$\frac{1}{2}\text{Nm}^3$（O_2）

在标准状态下，因各气体的摩尔体积均相等，故知 1Nm^3 CO 燃烧需要 $1/2$ Nm^3 的氧气，1 Nm^3 的 H_2 燃烧需氧 $1/2$ Nm^3，其余类推。

$$H_2 + \frac{1}{2}O_2 \longrightarrow H_2O$$

$$CH_4 + 2O_2 \longrightarrow CO_2 + 2H_2O$$

$$C_nH_m + \left(n + \frac{m}{4}\right)O_2 \longrightarrow nCO_2 + \frac{m}{2}H_2O$$

$$H_2S + \frac{3}{2}O_2 \longrightarrow H_2O + SO_2$$

故 1Nm^3 燃气完全燃烧的所需的理论需氧量为

$$V_{O_2}^0 = \left[CO + \frac{1}{2}H_2 + \sum \left(n + \frac{m}{4}\right)C_nH_m + \frac{3}{2}H_2S - O_2\right] \times 10^{-2}\,(\text{Nm}^3/\text{Nm}^3) \tag{2-35}$$

由于在普通空气中，氧气所占体积分数为21%。将公式（2-35）除以空气中氧的含量，便得到 1 Nm^3 燃料完全燃烧时需要的空气量，并称为"理论空气需要量"（V_k^0）。

$$V_k^0 = \frac{1}{0.21}\left[CO + \frac{1}{2}H_2 + \sum \left(n + \frac{m}{4}\right)C_nH_m + \frac{3}{2}H_2S - O_2\right] \times 10^{-2}\,(\text{Nm}^3/\text{Nm}^3) \tag{2-36}$$

如果得到空气消耗系数，可以由式（2-35）或式（2-36）得到实际空气量。

2.1.2.2 气体燃料燃烧产物生成量的计算

根据化学反应方程式，当 $\alpha = 1$ 时，可以得出 1Nm^3 湿气体完全燃烧后所产生的理论烟气体积，它由 CO_2、SO_2、H_2O 及 N_2 四种气体组成；当 $\alpha > 1$ 时，1Nm^3 湿气体完全燃烧时所产生的实际烟气体积由 CO_2、SO_2、H_2O、N_2 及 O_2 五种气体组成。

对于气体燃料，同理可得

$$V_{CO_2} = \left(CO + \sum n C_n H_m + CO_2 \right) \cdot \frac{1}{100} \ (\text{Nm}^3/\text{Nm}^3) \tag{2-37}$$

$$V_{SO_2} = H_2 S \cdot \frac{1}{100} \ (\text{Nm}^3/\text{Nm}^3) \tag{2-38}$$

$$V_{H_2O} = \left(H_2 + \sum \frac{m}{2} C_n H_m + H_2 S + H_2 O \right) \cdot \frac{1}{100} + 0.0161 \cdot V_k \ (\text{Nm}^3/\text{Nm}^3) \tag{2-39}$$

$$V_{O_2} = \frac{21}{100}(V_k - V_k^0) \ (\text{Nm}^3/\text{Nm}^3) \tag{2-40}$$

$$V_{N_2} = N_2 \cdot \frac{1}{100} + \frac{79}{100} \cdot V_k \ (\text{Nm}^3/\text{Nm}^3) \tag{2-41}$$

$$V_{N_2}^0 = N_2 \cdot \frac{1}{100} + \frac{79}{100} \cdot V_k^0 \ (\text{Nm}^3/\text{Nm}^3) \tag{2-42}$$

$$V_{H_2O}^0 = \left(H_2 + \sum \frac{m}{2} C_n H_m + H_2 S + H_2 O \right) \cdot \frac{1}{100} + 0.0161 V_k^0 \ (\text{Nm}^3/\text{Nm}^3) \tag{2-43}$$

将式（2-37）~式（2-41）计算的各结果相加，即可计算气体燃料燃烧产物生成量 V_y。经整理后得到

$$V_y = \left[CO + H_2 + \sum \left(n + \frac{m}{2} \right) C_n H_m + 2H_2 S + CO_2 + N_2 + H_2 O \right] \frac{1}{100}$$
$$+ \left(\alpha - \frac{21}{100} \right) \cdot V_k^0 + 0.0161 \cdot V_k \ (\text{Nm}^3/\text{Nm}^3) \tag{2-44}$$

$$V_y^0 = \left[CO + H_2 + \sum \left(n + \frac{m}{2} \right) C_n H_m + 2H_2 S + CO_2 + N_2 + H_2 O \right] \cdot \frac{1}{100}$$
$$+ 0.79 \cdot V_k^0 + 0.0161 \cdot V_k^0 \ (\text{Nm}^3/\text{Nm}^3) \tag{2-45}$$

由计算结果可以看出，理论燃烧产物 V_y^0 只与气体燃料可燃成分有关，含量越高，则 V_y^0 也就越大。实际燃烧产物生成量 V_k 还与空气消耗系数 α 值有关，α 值越大，V_y 也就越大。

燃烧产物的密度 ρ 采用参加反应的物质（燃料与氧化剂）的总质量除以燃烧产物的体积，或是以燃烧产物的质量除以燃烧产物的体积计算得到。

按参加反应物质的质量计算

$$\rho = \frac{\left[\begin{array}{l} 28CO + 2H_2 + \sum (12n + m) C_n H_m + 34H_2 S \\ + 44CO_2 + 32O_2 + 28N_2 + 18H_2 O \end{array} \right] \times \dfrac{1}{100 \times 22.4} + 1.293 \cdot V_k}{V_y} \ (\text{kg/Nm}^3)$$
$$\tag{2-46}$$

按燃烧产物质量计算

$$\rho = \frac{44CO_2' + 64SO_2' + 18H_2 O' + 28N_2' + 32O_2'}{100 \times 22.4} \ (\text{kg/Nm}^3) \tag{2-47}$$

例 2-2 某种焦炉煤气干成分如下（温度为20℃），当空气消耗系数 $\alpha = 1.05$ 时，试计算下列各项：

%（体积）

CH₄	C₂H₄	H₂	O₂	N₂	CO	CO₂
26.0	2.5	57.3	0.5	1.6	9.1	3.0

（1）将干成分换算成湿成分；

（2）计算高、低位发热量；

（3）理论空气需要量和实际空气需要量（不计空气中的水分）；

（4）燃烧产物生成量、成分及密度（不计空气中的水分）。

解：（1）干、湿成分换算：

说明：在20℃时1m³湿气体吸收水蒸气为 0.023 m³/m³

$$CH_4: CH_4^s\% = CH_4^g\%\frac{100-H_2O^s}{100} = 26\%\times\frac{100-2.3}{100} = 25.402\%$$

$$C_2H_4: C_2H_4^s\% = C_2H_4^g\%\frac{100-H_2O^s}{100} = 2.5\%\times\frac{100-2.3}{100} = 2.4425\%$$

$$H_2: H_2^s\% = H_2^g\%\frac{100-H_2O^s}{100} = 57.3\%\times\frac{100-2.3}{100} = 55.9821\%$$

$$O_2: O_2^s\% = O_2^g\%\frac{100-H_2O^s}{100} = 0.5\%\times\frac{100-2.3}{100} = 0.4885\%$$

$$N_2: N_2^s\% = N_2^g\%\frac{100-H_2O^s}{100} = 1.6\%\times\frac{100-2.3}{100} = 1.5632\%$$

$$CO: CO^s\% = CO^g\%\frac{100-H_2O^s}{100} = 9.1\%\times\frac{100-2.3}{100} = 8.8907\%$$

$$CO_2: CO_2^s\% = CO_2^g\%\frac{100-H_2O^s}{100} = 3\%\times\frac{100-2.3}{100} = 2.931\%$$

（2）计算高、低位发热量：

$$\begin{aligned}Q_{gw} &= 12700\times CO\% + 12770\times H_2\% + \cdots + 39900\times CH_4\% + 63850\times C_2H_4\% + 25700 H_2S\%\\ &= 12700\times8.8907\% + 12770\times55.9821\% + 39900\times25.402\% + 63850\times2.4425\%\\ &= 19972.97(kJ/m^3)\end{aligned}$$

$$\begin{aligned}Q_{dw} &= 12700\times CO\% + 10800\times H_2\% + \cdots + 36000\times CH_4\% + 59500\times C_2H_4\% + 23100 H_2S\%\\ &= 12700\times8.8907\% + 10800\times55.9821\% + 36000\times25.402\% + 59500\times2.4425\%\\ &= 17773.19(kJ/m^3)\end{aligned}$$

（3）理论空气需要量和实际空气需要量（不计空气中的水分）：

$$\begin{aligned}V_k^0 &= \frac{1}{21}\left[0.5H_2 + 0.5CO + \sum\left(n+\frac{m}{4}\right)C_nH_m + 1.5H_2S - O_2\right]\\ &= \left[0.5\times55.9821 + 0.5\times8.8907 + \left(1+\frac{4}{4}\right)\times25.402 + \left(2+\frac{4}{4}\right)\times2.4425 - 0.49\right]\times0.21\\ &= 4.25(m^3/m^3)\end{aligned}$$

$$V_k = \alpha V_k^0 = 4.47 \, (\text{m}^3/\text{m}^3)$$

（4）燃烧产物生成量、成分及密度（不计空气中的水分）：

二氧化碳的体积

$$V_{CO_2} = \frac{CO + \sum nC_nH_m + CO_2}{100}$$

$$= \frac{8.8907 + 125.40 + 22.44 + 2.93}{100}$$

$$= 0.42 \, (\text{m}^3/\text{m}^3)$$

氮气体积：$V_{N_2} = 0.79 \times \alpha \times V_k^0 + 0.01 N_2 = 3.55 \, (\text{m}^3/\text{m}^3)$

氧气体积：$V_{O_2} = 0.21 \times (\alpha-1) V_k^0 = 0.21 \times (1.05-1) \times 4.25 = 0.045 \, (\text{m}^3/\text{m}^3)$

水蒸气体积：

$$V_{H_2O} = \left(H_2 + \sum \frac{m}{2} C_nH_m + H_2O \right) \cdot \frac{1}{100} \, (\text{m}^3/\text{m}^3)$$

$$= \left(55.98 + \frac{4}{2} \times 25.402 + \frac{4}{2} \times 2.44 + 2.3 \right) \times 0.01$$

$$= 1.14 \, (\text{m}^3/\text{m}^3)$$

实际烟气体积：

$$V_y = V_{CO_2} + V_{H_2O} + V_{N_2} + V_{O_2}$$

$$= 0.42 + 1.14 + 3.55 + 0.045 = 5.15 \, (\text{m}^3/\text{m}^3)$$

$$CO_2' = \frac{V_{CO_2}}{V_n} \cdot 100 = \frac{0.42}{5.15} \cdot 100 = 8.16$$

$$N_2' = \frac{V_{N_2}}{V_n} \cdot 100 = \frac{3.55}{5.15} \cdot 100 = 68.93$$

$$O_2' = \frac{V_{O_2}}{V_n} \cdot 100 = \frac{0.045}{5.15} \cdot 100 = 0.87$$

$$H_2O' = \frac{V_{H_2O}}{V_n} \cdot 100 = \frac{1.14}{5.15} \cdot 100 = 22.14$$

$$\rho = \frac{44CO_2' + 64SO_2' + 18H_2O' + 28N_2' + 32O_2'}{100 \times 22.4 \times 1}$$

$$= \frac{44 \times 8.16 + 18 \times 22.14 + 28 \times 68.93 + 32 \times 0.87}{100 \times 22.4}$$

$$= 1.21 \, (\text{kg}/\text{m}^3)$$

2.2　不完全燃烧的燃烧产物

当燃烧过程进行不够完善或空气量不足时，燃烧产物中除了前述成分外，还可能生成 CO、H_2、CH_4 等未燃尽气体及固体炭粒，构成所谓不完全燃烧产物。燃料的不完全燃烧，不仅意味着热量损失、浪费能源，而且会引起环境污染，造成公害。实际燃烧装置中一般很难达到绝对的完全燃烧。只能在装置的设计和运行操作中力求达到最有利的燃烧，使燃烧过程尽可能完全。

在实际燃烧过程中，出现不完全燃烧有两种情况。一种情况为：空气消耗系数 $\alpha \geq 1$，但由于设备或操作条件的限制，未能达到完全燃烧。例如，虽然空气供给量充足，但空气与燃料在燃烧空间内混合不充分，燃油时雾化不好等等，会使燃烧产物中含有可燃气体和烟粒（炭粒），这就会造成燃料的浪费。另一种情况为：在少数工业炉或锅炉中，由于工业过程的特殊要求，希望炉膛内为还原性气氛。在这种情况下，将有意识地限制空气的供给量 $\alpha < 1$，使燃烧在缺氧条件下进行，生成含有 CO、H_2 和 CH_4 等未燃尽的不完全的产物。例如，金属的敞焰无氧化加热，热处理用的某些保护气氛的生产等，都是采用不完全燃烧技术实现的。这时就要求严格控制不完全燃烧的燃烧产物的成分。此外，在高温下，CO_2 和 H_2O 等气体分解也会产生 CO、H_2 等可燃气体，但在中温或低温炉内其量很小可忽略不计。由于造成不完全燃烧的原因是各种各样的，所以不完全燃烧的计算要在不同的具体情况下提出问题，然后求解。

设燃料在空气中燃烧，燃烧产物中可燃物仅有 CO、H_2 和 CH_4。这些可燃物的燃烧反应式如下（为讨论问题方便起见，把空气中的 O_2 和 N_2 按体积比 21：79 写入反应式并不计算空气中的水分）：

$$CO+0.5O_2+0.5 \times \frac{79}{21}N_2 \longrightarrow CO_2+0.5 \times \frac{79}{21}N_2$$

即

$$CO+0.5O_2+1.88N_2 \longrightarrow CO_2+1.88N_2 \tag{2-48}$$

$$H_2+0.5O_2+1.88N_2 \longrightarrow H_2O+1.88N_2 \tag{2-49}$$

$$CH_4+2O_2+7.52N_2 \longrightarrow CO_2+2H_2O+7.52N_2 \tag{2-50}$$

反应式（2-48）~式（2-50）的左边为不完全燃烧产物，右边相当于完全燃烧产物。通过分析比较上述反应式组，可以得出不完全燃烧产物与完全燃烧产物的变化。现分析如下：

（1）空气量充足的不完全燃烧（$\alpha \geq 1$）

由反应式（2-48）可知，燃烧产物中若有 1Nm³ 的 CO 时，反应式左边的体积是（1+0.5+1.88）Nm³，而右边的体积是（1+1.88）Nm³，与完全燃烧比较，不完全燃烧产物体积增加 0.5Nm³；由反应式（2-49）可知，燃烧产物中每含 1Nm³H_2，也会使体积增加 0.5 Nm³；通过反应式（2-50）可看出，含 CH_4 则不引起燃烧产物体积的变化。如果以 V_{yb} 表示实际的不完全燃烧产物生成量，V_y 表示如果完全燃烧时的燃烧产物生成量，则

$$V_y = V_{yb}-0.5V_{CO}-0.5V_{H_2} = V_{yb}-0.5\frac{CO'}{100} \cdot V_{yb}-0.5\frac{H_2'}{100} \cdot V_{yb}$$

$$= V_{yb} \cdot (100-0.5CO'-0.5H_2') \cdot \frac{1}{100}$$

$$\frac{V_y}{V_{yb}} = \frac{100-0.5CO'-0.5H_2'}{100} \tag{2-51}$$

由于烟气成分分析有时分析的是干成分，现讨论干燃烧产物的生成量（不包括燃烧产物中的水分）的变化，由反应式（2-48）可知，燃烧产物中若有 1Nm³ 的 CO 时，反应式左边的体积是（1+0.5+1.88）Nm³，而右边的体积是（1+1.88）Nm³，与完全燃烧比较，不完全燃烧产物体积增加 0.5Nm³；由反应式（2-49）可知，燃烧产物中每含 1Nm³H_2，反应式左边的体积是（1+0.5+1.88）Nm³，而右边的体积是 1.88Nm³，与完全燃烧比较，不完全燃烧产物

体积增加 1.5 Nm³；通过反应式（2-50）可看出，含 1Nm³ 的 CH_4 也会使体积增加 $2Nm^3$。如果以 V_{gyb} 表示实际的不完全干燃烧产物生成量，V_{gy} 表示如果完全燃烧时的干燃烧产物生成量，则

$$V_{gy} = V_{gyb} - (0.5V_{CO} + 1.5V_{H_2} + 2V_{CH_4})$$

$$= V_{gyb} - \left(0.5\frac{CO'}{100} \cdot V_{gyb} + 1.5\frac{H_2'}{100} \cdot V_{gyb} + 2\frac{CH_4'}{100} \cdot V_{gyb}\right)$$

$$= V_{gyb}[100 - (0.5CO' + 1.5H_2' + 2CH_4')] \cdot \frac{1}{100}$$

$$\frac{V_{gyb}}{V_{gy}} = \frac{100}{100 - (0.5CO' + 1.5H_2' + 2CH_4')} \tag{2-52}$$

分析式（2-51）及式（2-52）可知，在空气充足的情况下，如果发生不完全燃烧的情况，燃烧产物的体积比完全燃烧时增加。

（2）空气量不足的不完全燃烧（$\alpha < 1$）

空气量供应不足的不完全燃烧存在两种情况：一种情况是燃料与空气混合充分均匀，消耗掉所有的氧气后燃烧产物还可能剩有 CO、H_2 及 CH_4 等可燃物。

表 2-3　两种燃烧情况对比

不完全燃烧	完全燃烧
CO	$CO_2 + 1.88N_2$
H_2	$H_2O + 1.88N_2$
CH_4	$CO_2 + 2H_2O + 7.52N_2$

由反应式（2-48）看出，为使燃烧产物中的 $1Nm^3$ CO 完全燃烧，应再加进 $0.5Nm^3$ 的 O_2 和相应的 $1.88\ Nm^3$ 的 N_2，才能生成 $1Nm^3$ 的 CO_2 和 $1.88\ Nm^3$ 的 N_2。由表 2-3 对比可见，不完全燃烧时燃烧产物中如有 $1Nm^3$ CO，（如果）完全燃烧，燃烧产物的体积应为（1+1.88）Nm^3，$1Nm^3$ CO 的存在使燃烧产物体积减少 $1.88\ Nm^3$；同理，$1Nm^3 H_2$ 的存在也使燃烧产物体积减少 $1.88\ Nm^3$，存在 $1\ Nm^3 CH_4$ 使燃烧产物体积减少 $9.52\ Nm^3$。

$$V_y^0 = V_{yb} + (1.88V_{CO} + 1.88V_{H_2} + 9.52V_{CH_4}) \tag{2-53}$$

即得

$$\frac{V_{yb}}{V_y^0} = \frac{100}{100 + 1.88CO' + 1.88H_2' + 9.52CH_4'} \tag{2-54}$$

对于干燃烧产物生成量来说，同理可得到

$$\frac{V_{gyb}}{V_{gy}^0} = \frac{100}{100 + 1.88CO' + 0.88H_2' + 7.52CH_4'} \tag{2-55}$$

上述情况下，燃烧产物生成量比完全燃烧时有所减少；不完全燃烧程度越严重，生成量将越减少。在上述公式中，V_y^0 是可以按完全燃烧进行计算的。如已知不完全燃烧产物的成分，便可根据式（2-54）和式（2-55）估计不完全燃烧产物的生成量。

另一种情况是，尽管空气量供给不足，但由于燃料和空气混合并不充分，而使燃烧产物中仍存在 O_2，那么为使不完全燃烧产物中的可燃物燃烧，便可少加一部分空气，其量为

$$V_{O_2} \cdot \frac{1}{0.21} = 4.76 \cdot V_{O_2} \tag{2-56}$$

对式(2-54)和式(2-55)加以修正，便可以得到当 $\alpha<1$，且 $O_2' \neq 0$ 时的分析结果。

$$\frac{V_{yb}}{V_y^0} = \frac{100}{100+1.88CO'+1.88H_2'+9.52CH_4'-4.76O_2'} \tag{2-57}$$

$$\frac{V_{gyb}}{V_{gy}^0} = \frac{100}{100+1.88CO'+0.88H_2'+7.52CH_4'-4.76O_2'} \tag{2-58}$$

对式(2-57)分析得出，若 $1.88CO'+1.88H_2'+9.52CH_4'>4.76O_2'$，则 $V_{yb}<V_y^0$；反之，则 $V_{yb}>V_y^0$。一般情况下，$\alpha<1$ 时，O_2' 是比较小的，燃烧产物生成量将有所减少。

2.3　燃烧温度

燃料燃烧时所放出的热量传给气态的燃烧产物而产生的温度称为燃料的燃烧温度。在实际条件下的燃烧温度与燃料种类、燃料成分、燃烧条件和传热条件等各方面的因素有关，决定于燃烧过程中热量收入和热量支出的平衡关系。所以从分析燃烧过程的热量平衡，可以找出计算燃烧温度的方法。

2.3.1　实际燃烧温度

燃烧着的火焰会向周围散热，燃烧时有化学不完全燃烧热损失以及机械不完全燃烧的热损失的缘故。实际燃烧温度决定了炉内能达到的温度。

根据热量平衡原理，当热量收入与支出相等时，燃烧产物达到一个相对稳定的燃烧温度。

对应于每 kg(固体或液体燃料)或每 Nm^3(气体燃料)燃料，计算燃烧过程中热平衡项目如下：

热量收入项为：

燃料和空气送入炉内进行燃烧，它们带入的热量包括三部分：

(1) 燃料的化学热，即燃料的低位发热量 Q_{dw}；

(2) 空气带入的物理显热 Q_k，$Q_k = V_k \cdot c_k \cdot t_k$；

(3) 燃料带入的物理显热 Q_r，$Q_r = 1 \cdot c_r \cdot t_r$。

热量支出项为：

(1) 燃烧产物含有的物理显热 Q_y，$Q_y = V_y \cdot c_y \cdot t_y$

式中　c_y——燃烧产物的平均比热容；

　　　t_y——燃烧产物的温度。

(2) 通过设备壁面散失到周围环境的热量损失 Q_{san}；

(3) 燃料燃烧不完全燃烧热损失 Q_{bu}；

(4) 燃烧产物中多原子气体在高温下热分解反应吸收的热量 Q_f。

将各项列入收支平衡式

$$Q_{dw}+Q_k+Q_r=V_y \cdot C_y \cdot t_y+Q_{san}+Q_{bu}+Q_f \tag{2-59}$$

由上式得到的燃烧产物的温度为

$$t_y = \frac{Q_{dw}+Q_k+Q_r-Q_{bu}-Q_{san}-Q_f}{V_y \cdot c_y} \qquad (2-60)$$

由式(2-60)可以看出影响实际燃烧温度的因素有很多，不能简单计算出来。并且它会随燃烧设备的工艺过程，热工过程和结构的不同而变化。

2.3.2 理论燃烧温度

在理想条件下，若 $Q_{bu}=Q_{san}=0$，即假设燃料是在绝热系统中燃烧，并且完全燃烧，则按式(2-60)计算出的理论上可达到的燃烧温度称为"理论燃烧温度"(t_{th})，即

$$t_{th} = \frac{Q_{dw}+Q_k+Q_r-Q_f}{V_y \cdot c_y} = \frac{Q_{dw}+Q_k+Q_r-Q_f}{V_{CO_2} \cdot c_{CO_2}+V_{SO_2} \cdot c_{SO_2}+V_{H_2O} \cdot c_{H_2O}+V_{N_2} \cdot c_{N_2}+V_{O_2} \cdot c_{O_2}} \qquad (2-61)$$

t_{th} 表征某一种燃料，与外界无热量交换及完全燃烧的条件下，所能够达到的最高燃烧温度。理论燃烧温度的高低与燃料的低位发热量、燃烧产物的数量、燃料与空气的温度和过量空气系数等因素有关。它是评估燃烧过程的重要指标，也是热工计算的一个重要数据，它对燃料和燃烧条件的选择、炉温水平的估计及热交换的计算，都有重要的意义。

对于含碳氢化合物的燃料，其燃烧产物的分解程度如表2-4所示，由表可知，在高温下燃烧产物的分解程度与体系的温度及压力有关。因为热分解是吸热反应，所以体系温度越高热分解越强烈，热分解大多引起体积增加，所以压力越高分解则越弱。由于一般工业炉或锅炉炉膛的压力都在$(0.1 \sim 5) \times 10^5$Pa的压力水平下，可以认为热分解只与温度有关，如在锅炉中，当燃烧温度为1500℃，烟气中的CO_2体积分数等于10%时，只有0.7%的CO_2发生分解。水蒸气的分解量更小，分解所需要的热量也就更少。因此在实际计算中，只有在较高温度下(高于1800℃)分解热才在工程计算上予以估计。式(2-61)中，Q_f只有在高温下才有估计的必要，如果忽略Q_f不计，Q_{dw}、Q_k、Q_r各项都容易计算。如何计算因高温热分解而引起的燃烧产物生成量的变化和高温热分解所需的热量是计算的难点。

表2-4 碳氢化合物燃料燃烧产物的热分解程度

压力/10^5Pa	无分解	弱分解	强分解
	强度范围/℃		
0.1~5	<1300	1300~2100	>2100
5~25	<1500	1500~2300	>2300
25~100	<1700	1700~2500	>2500

有热分解的情况下，燃烧产物中除有 CO_2、H_2O、N_2、O_2外，还会有 CO、H_2、OH、NO 等，燃烧产物中各组成的含量取决于燃料和助燃剂的成分以及体系的压力和温度。在一般燃烧设备的压力及温度水平下，热分解仅 CO_2、H_2O 两个反应：

$$CO_2 \Longleftrightarrow CO+\frac{1}{2}O_2-12600 \text{kJ}/1\text{m}^3 CO_2 \text{ 分解} \qquad (2-62)$$

$$H_2O \Longleftrightarrow H_2+\frac{1}{2}O_2-10800 \text{kJ}/1\text{m}^3 H_2O \text{ 分解} \qquad (2-63)$$

从式(2-62)和式(2-63)看出，燃烧产物中的 CO_2 及 H_2O 分解为 CO、H_2和O_2时，将吸

收一定数量的热量，这将引起燃烧产物体积和成分的变化。燃烧产物分解的吸热量 Q_f 是上述两个反应吸热量之和，即：

$$Q_{f,CO_2} = 12600 \cdot V_{CO}, \quad Q_{f,H_2O} = 10800 \cdot V_{H_2}$$

则

$$Q_{f,CO_2} + Q_{f,H_2O} = 12600 \cdot V_{CO} + 10800 \cdot V_{H_2}$$

热分解发生时，燃烧产物的组成和生成量都将发生变化。因为分解程度与温度有关，所以估计热分解时，燃烧产物的组成和生成量都是温度的函数，燃烧产物的平均比热容也是温度的函数。因此为了计算理论燃烧温度，除了须知平均比热容与温度的关系外，还应列出产物成分与温度的关系。上述计算是十分复杂的，只能通过编程计算才能实现，对于要求不高的工业炉热工计算，可采用简单的方法，尽管精度不高，但能够较快地计算出结果。

对于燃烧反应来说，热分解将引起燃烧产物生成量的增加，分解后的双原子气体的平均比热容比原来三原子气体的平均比热容要小，在一般的工业炉的温度和压力条件下，热分解引起 V_y 的增加和 c_y 减小，而 $V_y \cdot c_y$ 的乘积却变化不大，因此计算中忽略了分解引起的 $V_y \cdot c_y$ 的变化。

由于平均体积定压热容随温度的不同而变化，因此理论燃烧温度均要用渐近法进行计算。先假设一个温度作为确定比热容和分解度的依据，如果最终计算结果 t_{th} 与假设的温度相差较大，则应重新假设，反复计算。当试算值与假定值的相对误差在 ±2% 范围内时，即认为符合计算要求。显然，在计算 t_{th} 时由于平均比热容和分解度均受温度影响，这种反复运算是很麻烦的。如何近似的估算一个比较接近的理论燃烧温度，减少计算量尤为关键。

（1）近似估算理论燃烧温度

比较常见的近似估算理论燃烧温度的方法有两种：

① 以不计算热分解的燃烧温度为基准

图 2-1 是对各种燃料的计算结果，可以认为，一般工业燃料的 t_{th} 均在图中曲线附近所表示的范围之中。经研究证明，温度越高，则估计热分解与不估计热分解的理论燃烧温度相差越大。当温度低于 1800℃ 时，二者基本相等。所以，对于理论燃烧温度低于 1800℃ 的热工计算，便可以忽略热分解不计。此时，按式（2-60）计算理论燃烧温度（$Q_f = 0$）就简便多了。已知燃料成分、空气消耗系数、空气和燃料的预热温度，则按完全燃烧计算不难确定 Q_{dw}、Q_k、Q_r、V_y 及不估计热分解的燃烧产物成分。然后根据经验估计一个理论燃烧温度。

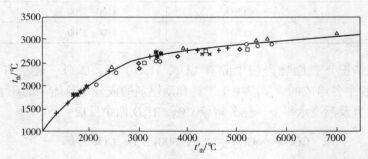

图 2-1 热分解对燃烧产物温度的影响（图中各标点符号表示不同的可燃物）

当缺乏经验时，特别是当高温预热、富氧燃烧和热分解的影响较大时，可以参考图 2-1，先忽略 Q_f，计算出一个 t'_{th}，然后根据 t'_{th} 由图中查到 t_{th} 的概略值，作为确定分解度和比热的依据温度，并依此计算 t_{th} 的最终结果。

② 利用 i-t 图估算理论燃烧温度

如图 2-2 所示，图中 i 为燃烧产物的总热焓量，可按下式求出：

$$i = \frac{Q_{dw}}{V_y} + \frac{Q_k}{V_y} + \frac{Q_r}{V_y} \tag{2-64}$$

该图估计到空气过剩系数对燃烧产物比热容的影响，画出了一组曲线，每条曲线表示不同燃烧产物中的空气量 V_L，该值按下式计算：

$$V_L = \frac{V_k - V_k^0}{V_y} \times 100\%$$

这样已知 i 及 V_L 便可由图 2-2 中查出理论燃烧温度。这种方法可以用来粗略地近似估算理论燃烧温度。

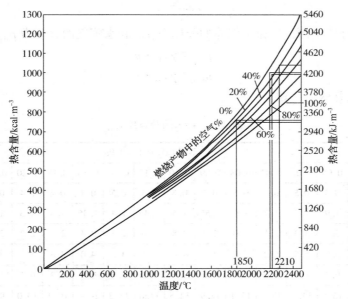

图 2-2 按已知的 i 来决定 t_{th} 的"i-t"图

（2）分解热 Q_f 的计算

CO_2 的分解度 f_{CO_2} 和 H_2O 的分解度 f_{H_2O} 分别定义为

$$f_{CO_2} = \frac{(V_{CO_2})_f}{V_{CO_2}} \tag{2-65}$$

$$f_{CO_2} = \frac{(V_{H_2O})_f}{V_{H_2O}} \tag{2-66}$$

式中　V_{CO_2}、V_{H_2O}——由完全燃烧计算求得 CO_2 和 H_2O 的体积。

$(V_{CO_2})_f$、$(V_{H_2O})_f$——高温下分解的 CO_2 和 H_2O 的体积。$(V_{CO_2})_f = V_{CO}$，$(V_{H_2O})_f = V_{H_2}$。

故分解热可以由式（2-67）求得

$$Q_f = 12600 \cdot V_{CO} + 10800 \cdot V_{H_2} = 12600 \cdot f_{CO_2} \cdot V_{CO_2} + 10800 \cdot f_{H_2O} \cdot V_{H_2O} \tag{2-67}$$

表 2-5 和表 2-6 分别表示 CO_2 和 H_2O 在不同分压和温度下的分解度 f，从表中看出 f 与温度及气体分压有关。温度越高，f 越大；气体分压越高，f 越小。在相同的分压及温度下，

f_{CO_2} 比 f_{H_2O} 大得多。

查表 2-5 和表 2-6 中分压力计算如下：

实际烟气量按下式计算：

$$V_y = V_y^0 + (\alpha - 1) V_k^0$$

由于三原子气体、水蒸气对炉内辐射换热具有明显的影响，在进行燃烧产物计算时，还需计算三原子气体、水蒸气的容积份额、分压力。

三原子气体的容积份额 γ_{RO_2} 为

$$\gamma_{RO_2} = \frac{V_{RO_2}}{V_y} \tag{2-68}$$

水蒸气的容积份额 γ_{H_2O} 为

$$\gamma_{H_2O} = \frac{V_{H_2O}}{V_y} \tag{2-69}$$

根据道尔顿分压定律，三原子气体的分压力 p_{RO_2} 和水蒸气的分压力 p_{H_2O} 分别为

$$p_{RO_2} = \gamma_{RO_2} \cdot p \tag{2-70}$$

$$p_{H_2O} = \gamma_{H_2O} \cdot p \tag{2-71}$$

式中 p——烟气总压力，MPa。

表 2-5 CO_2 的分解度 f_{CO_2} %

$t/℃$	不同 CO_2 分压/10^5Pa																
	0.03	0.04	0.05	0.06	0.07	0.08	0.09	0.10	0.12	0.14	0.16	0.18	0.20	0.25	0.30	0.35	0.40
1500	0.6	0.5	0.5	0.5	0.5	0.5	0.5	0.5	0.5	0.5	0.4	0.4	0.4	0.4	0.4	0.4	0.4
1600	2.2	2.0	1.9	1.8	1.7	1.6	1.55	1.5	1.45	1.4	1.35	1.3	1.3	1.2	1.1	1.0	0.95
1700	4.1	3.8	3.5	3.3	3.1	3.0	2.9	2.8	2.6	2.5	2.4	2.3	2.2	2.0	1.9	1.8	1.75
1800	6.9	6.3	5.9	5.5	5.2	5.0	4.8	4.6	4.4	4.2	4.0	3.8	3.7	3.5	3.3	3.1	3.0
1900	11.1	10.1	9.5	8.9	8.5	8.1	7.8	7.6	7.2	6.8	6.5	6.3	6.1	5.6	5.3	5.1	4.9
2000	18.0	10.5	15.4	14.6	13.9	13.4	12.9	12.5	11.8	11.2	10.8	10.4	10.0	9.4	8.8	8.4	8.0
2100	25.9	23.9	22.4	21.3	20.4	19.6	18.9	18.3	17.3	16.6	15.9	15.3	14.9	13.9	13.1	12.5	12.0
2200	37.6	35.1	33.1	31.5	30.3	29.2	2.3	27.5	26.1	25.0	24.1	23.3	22.6	21.2	20.1	19.2	18.5
2300	47.6	44.7	42.5	40.7	39.2	37.9	36.9	35.9	34.3	33.9	31.8	30.9	30.0	28.2	26.9	25.7	24.8
2400	59.0	56.0	53.7	51.8	50.2	48.8	47.6	46.5	44.6	43.1	41.8	40.6	39.6	37.5	35.8	34.5	33.3
2500	69.1	66.3	64.1	62.2	60.6	59.3	58.0	56.0	55.0	53.4	52.0	50.7	49.7	47.3	45.4	43.9	42.6

表 2-6 H_2O 的分解度 f_{H_2O} 值   %

$t/℃$	不同 H_2O 分压/10^5Pa																
	0.03	0.04	0.05	0.06	0.07	0.08	0.09	0.10	0.12	0.14	0.16	0.18	0.20	0.25	0.30	0.35	0.40
1600	0.90	0.8	0.80	0.75	0.70	0.65	0.63	0.60	0.58	0.56	0.54	0.52	0.50	0.48	0.40	0.44	0.42
1700	1.60	1.45	1.35	1.27	1.20	1.16	1.15	1.08	1.02	0.95	0.90	0.85	0.80	0.76	073	0.70	0.67
1800	2.70	2.40	2.25	2.10	2.00	1.90	1.85	1.0	1.70	1.60	1.53	1.46	1.40	1.30	1.25	1.20	1.15
1900	4.45	4.05	3.80	3.60	3.40	3.05	3.10	3.00	4.00	2.70	2.60	2.50	2.40	2.20	2.10	2.00	1.90

$t/℃$	不同 H_2O 分压/10^5 Pa															
	0.03	0.04	0.05	0.06	0.07	0.08	0.09	0.10	0.12	0.14	0.16	0.18	0.20	0.25	0.30	0.35	0.40
2000	6.30	5.55	5.35	5.05	4.80	.60	4.45	4.30	6.00	3.80	3.55	3.50	3.40	3.15	2.95	2.80	2.65
2100	9.35	8.50	7.95	7.50	7.10	6.80	6.55	6.35	8.80	5.70	5.45	5.25	5.10	.80	4.55	4.30	4.10
2200	13.4	12.3	11.5	10.8	10.3	9.90	9.60	9.30	12.2	8.35	7.95	7.65	7.40	6.90	6.55	6.25	5.90
2300	17.5	16.0	15.4	15.0	14.3	13.7	13.3	12.9	16.3	11.6	11.1	10.7	10.4	9.60	9.10	8.7	8.4
2400	24.4	22.5	21.0	20.0	19.1	16.4	17.7	17.2	16.3	15.6	15.0	14.4	13.9	13.0	12.2	11.7	11.2
2500	30.9	28.5	26.8	25.6	24.5	23.5	22.7	22.1	20.9	20.9	19.3	18.6	18.0	16.9	15.9	15.2	14.5

（3）燃烧产物的比热容按近似比热容计算

燃烧产物中的过剩空气比热容也按空气的近似比热容计算。

此时，可将 $(V_y \cdot c_y)$ 分解两部分：

$$V_y^0 \cdot c_y + (V_k - V_k^0) \cdot c_k \qquad (2-72)$$

式中　c_y——理论燃烧产物的比热容；

　　　c_k——空气的比热容。

各气体的平均比热容受温度的影响，但并不十分显著，特别是当用空气做助燃剂时。图 2-3 表示几种单一气体和 C 及 H 在空气中燃烧时燃烧产物的平均比热容与温度的关系，由图可以看出，CO_2 和 H_2O 的比热容随温度升高而明显增加，而 N_2 则不明显。C 和 H 的燃烧产物的比热容随温度的升高而增加，但也不很明显。各种燃料的燃烧产物的比热容介于 C 和 H 的燃烧产物比热容之间，

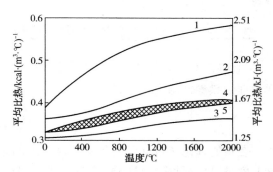

图 2-3　平均比热容与温度的关系
1—CO_2；2—H_2O；3—N_2；
4—$CO_2+3.76N_2$；5—$H_2O+1.8N_2$

它们的差别也不是很大。根据这一道理，表 2-7 中把各种燃料分为两组，列出了在较宽的温度范围内燃烧产物的近似比热容值。

表 2-7　燃烧产物和空气的平均比热容

温度/℃	燃烧产物的比热容 $c_y/[kJ/(m^3 \cdot ℃)]$		空气的比热容 c_k /$[kJ/(m^3 \cdot ℃)]$
	天然煤气、焦炉煤气、液体燃料、烟煤、无烟煤	发生炉煤气、高炉煤(泥煤、褐煤)	
0~200	1.38	1.42	1.30
200~450	1.42	1.47	1.30
400~700	1.47	1.51	1.34
700~1000	1.51	1.55	1.38
1000~1200	1.55	1.59	1.42
1200~1500	1.59	1.63	1.47
1500~1800	1.63	1.67	1.47
1800~2100	1.67	1.72	1.51
2100~2400	1.71	1.76	1.51

总之，在假定的理论燃烧温度下，利用表 2-7 查得 c_y 和 c_k，按式(2-67)计算出 Q_f。将这些数值代入式(2-73)，便可计算出 t_{th}。

理论燃烧温度的计算式可表示为

$$t_{th} = \frac{Q_{dw} + Q_k + Q_r - Q_f}{V_y^0 \cdot c_y + (V_k - V_k^0) \cdot c_k} \qquad (2-73)$$

一般来说，理论燃烧温度随燃料的热值的增大而增大。但是有时热值较低的理论燃烧温度可能高于热值较高的燃料。这主要是燃烧产物的数量和比热容等因素起了主要作用，若过量空气系数太小，由于燃料燃烧不彻底，不完全燃烧热损失增大，使得理论燃烧温度降低。若过量空气系数太大，则增加了燃烧产物的数量，使燃烧温度也降低。因此，为了提高燃烧温度，应在保证完全燃烧的前提下尽量降低过量空气系数的数值。

预热空气和燃料可提高理论燃烧温度。由于燃烧时空气量比燃料量大，预热空气对提高理论燃烧温度的影响更为明显。由于散热，炉膛内的实际燃烧温度比理论燃烧温度要低得多。

2.3.3　燃料的理论热量计温度

当式(2-61)中燃料和空气均不预热，不考虑燃料热分解 Q_f，且 $\alpha = 1$ 时的燃料燃烧温度为理论热量计温度，定义式为

$$t_{th}^0 = \frac{Q_{dw}}{V_y^0 \cdot c_y} \qquad (2-74)$$

燃料的理论热量计温度是从燃烧温度的角度评价燃料性质的一个指标。燃料理论热量计温度是可以根据燃料性质计算的。根据式(2-74)，如已知燃料的组成、燃料的低位发热量，但由于燃烧产物的比热容 c_y 取决于烟气的组成和燃烧温度，因此，燃料理论热量计温度不能直接求出。关键是要求出 $V_y^0 \cdot c_y$，$V_y^0 \cdot c_y$ 可以改写成

$$V_y^0 \cdot c_y = V_{CO_2} \cdot c_{CO_2} + V_{SO_2} \cdot c_{SO_2} + V_{H_2O} \cdot c_{H_2O} + V_{N_2} \cdot c_{N_2} \qquad (2-75)$$

式中，c_{CO_2}、c_{SO_2}、c_{H_2O}、c_{N_2} 分别表示上述四种气体在 t 温度下的定压比热容。从式(2-74)和式(2-75)可以看出，必须采用逐次渐近的迭代方法或求解方程的方法才能求出燃料理论热量计温度。

2.3.3.1　求解方程法

气体的平均比热容，可以近似地用下式表示：

$$c = A_1 + A_2 t + A_3 t^2 \qquad (2-76)$$

式中，各种气体的 A_{1i}、A_{2i}、A_{3i} 值是前人通过大量实验获得的，各气体的 A_1、A_2、A_3 值可参考表 2-8 查得。

表 2-8　式中的系数值

气体名称	A_1	$A_2 \times 10^5$	$A_3 \times 10^8$
CO_2	1.6584	77.041	21.215
H_2O	1.4725	29.859	3.010
N_2	1.2657	15.073	2.135

气体名称	A_1	$A_2 \times 10^5$	$A_3 \times 10^8$
O_2	1.3327	13.151	1.114
CO	1.2950	11.221	
H_2	1.2933	2.039	1.738

将式(2-76)代入式(2-75)，可得

$$\begin{aligned}
V_y^0 c_y &= \sum_i V_i^0 \cdot c_i \\
&= \sum_i V_i^0 \cdot (A_{1i} + A_{2i}t + A_{3i}t^2) \\
&= V_{CO_2} \cdot (A_{1CO_2} + A_{2CO_2}t + A_{3CO_2}t^2) + V_{SO_2} \cdot (A_{1SO_2} + A_{2SO_2}t + A_{3SO_2}t^2) \\
&\quad + V_{H_2O} \cdot (A_{1H_2O} + A_{2H_2O}t + A_{3H_2O}t^2) + V_{N_2} \cdot (A_{1N_2} + A_{2N_2}t + A_{3N_2}t^2)
\end{aligned}$$

$$(2-77)$$

将此式代入式(2-74)，则得

$$t_{th}^0 = \frac{Q_{dw}}{\sum_i V_i^0 \cdot (A_{1i} + A_{2i}t + A_{3i}t^2)} \quad (℃) \tag{2-78}$$

令 $t_{th}^0 = t$

式(2-78)则可以写成

$$\sum_i V_i(A_{1i}t + A_{2i}t^2 + A_{3i}t^3) = Q_{dw}$$

即

$$V_{CO_2} \cdot (A_{1CO_2}t + A_{2CO_2}t^2 + A_{3CO_2}t^3) + V_{SO_2} \cdot (A_{1SO_2}t + A_{2SO_2}t^2 + A_{3SO_2}t^3)$$
$$+ V_{H_2O} \cdot (A_{1H_2O}t + A_{2H_2O}t^2 + A_{3H_2O}t^3) + V_{N_2} \cdot (A_{1N_2}t + A_{2N_2}t^2 + A_{3N_2}t^3) = Q_{dw} \tag{2-79}$$

通过解方程，则可算出燃料理论热量计温度，但不借助计算机编程计算难度较大。

2.3.3.2 近似插值求解法

将式(2-74)改写成

$$c_y \times t_{th}^0 = \frac{Q_{dw}}{V_y^0}$$

$$或\ i_y = \frac{Q_{dw}}{V_y^0} \tag{2-80}$$

由于平均比热容在温度变化范围不大的情况下，可以认为是线形的，则焓在温度变化范围不大的情况下，也可以认为是线形的。

先假定一个温度 t'，根据该温度，查书后附表1查出对应气体的平均比热容，然后算出烟气的比焓 i'，通常情况下 $i' \neq i_y$，假如 $i' > i_y$，则要重新假定一个温度 t''，重复这样的过程，算出烟气的比焓 i''。通常情况下 $i'' \neq i_y$，假如恰巧 $i'' < i_y$，则可以断定 $i'' < i_y < i'$，即 $t'' < t_y < t'$。这时可以根据线性插值法求解。

参考图2-4得出 $\triangle ABC \cong \triangle ADE$，由相似三角形的对应边的相似关系，$\dfrac{i''-i'}{i-i'} = \dfrac{t''-t'}{t_{th}^0-t'}$

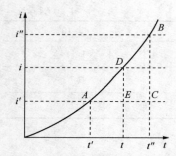

图 2-4 用近似插值求热量计温度

得到

$$t_{th}^0 = \frac{(t'' - t') \cdot (i - i')}{i'' - i'} + t'$$

通过这种方式计算出来的结果虽然精度不高，但是计算过程比较简便。

2.3.3.3 比热容近似法

比热容近似法是大致估计一个温度，由表 2-7 直接查到产物的比热容 c_y（求 t_{th}^0 时，用表中的 c_y 代入式中，便可计算出 t_{th}^0。显然，这一方法是十分简便的。该法只适用于燃料在空气中的燃烧计算。

例 2-3 煤的元素分析的成分如下：

C^r	H^r	O^r	N^r	S^r	A^y	W^y
80	6.5	11.8	1.3	0.4	16	10

求：（1）煤的应用基成分；

（2）煤的低位发热量；

（3）理论空气需要量、实际空气量（$\alpha = 1.3$，不计空气中的水蒸气）；

（4）理论烟气量和实际烟气量；

（5）用内插值近似法计算燃料的理论热量计温度。

解：（1）煤的应用基成分：

$$C^y\% = C^r\% \frac{100 - W^y - A^y}{100} = 80\% \times \frac{100 - 10 - 16}{100} = 59.2\%$$

$$H^y\% = H^r\% \frac{100 - W^y - A^y}{100} = 6.5\% \times \frac{100 - 10 - 16}{100} = 4.81\%$$

$$O^y\% = O^r\% \frac{100 - W^y - A^y}{100} = 11.8\% \times \frac{100 - 10 - 16}{100} = 8.73\%$$

$$N^y\% = N^r\% \frac{100 - W^y - A^y}{100} = 1.3\% \times \frac{100 - 10 - 16}{100} = 0.96\%$$

$$S^y\% = S^r\% \frac{100 - W^y - A^y}{100} = 0.4\% \times \frac{100 - 10 - 16}{100} = 0.296\%$$

（2）煤的低位发热量：

$$\begin{aligned}Q_{dw} &= 339C + 1030H - 109(O - S) - 25W \\ &= 339 \times 59.2 + 1030 \times 4.81 - 109(8.73 - 0.296) - 25 \times 10 \\ &= 23853.794 (kJ/kg)\end{aligned}$$

（3）理论空气需要量、实际空气量（$\alpha = 1.3$，不计空气中的水蒸气）：

$$\begin{aligned}V_k^0 &= \frac{1}{1.429 \times 0.21}\left(\frac{8}{3}C + 8H + S - O\right) \cdot \frac{1}{100} \\ &= \frac{1}{1.429 \times 0.21} \times \left(\frac{8}{3} \times 59.2 + 8 \times 4.81 + 0.296 - 8.73\right) \times \frac{1}{100} \\ &= 6.26 (m^3/kg)\end{aligned}$$

$$V_k = \alpha V_k^0 = 1.3 \times 6.26 = 8.14 (m^3/kg)$$

（4）理论烟气量和实际烟气量：

$$V_{CO_2}=\frac{C}{12}\cdot\frac{22.4}{100}=\frac{59.2}{12}\times\frac{22.4}{100}=1.105(\text{m}^3/\text{kg})$$

$$V_{SO_2}=\frac{S}{32}\cdot\frac{22.4}{100}=\frac{0.296}{32}\times\frac{22.4}{100}=0.002(\text{m}^3/\text{kg})$$

$$V_{H_2O}=\left(\frac{H}{2}+\frac{W}{18}\right)\cdot\frac{22.4}{100}=\left(\frac{4.81}{2}+\frac{10}{18}\right)\times\frac{22.4}{100}=0.66(\text{m}^3/\text{kg})$$

$$V_{N_2}^0=\frac{N}{28}\cdot\frac{22.4}{100}+\frac{79}{100}V_k^0=\frac{0.96}{28}\times\frac{22.4}{100}+\frac{79}{100}\times6.26=4.95(\text{m}^3/\text{kg})$$

$$V_{N_2}=\frac{N}{28}\cdot\frac{22.4}{100}+\frac{79}{100}V_k=\frac{0.96}{28}\times\frac{22.4}{100}+\frac{79}{100}\times8.14=6.44(\text{m}^3/\text{kg})$$

$$V_{O_2}=\frac{21}{100}(V_k-V_k^0)=\frac{21}{100}(8.14-6.26)=0.395(\text{m}^3/\text{kg})$$

$$V_y^0=V_{CO_2}+V_{SO_2}+V_{H_2O}+V_{N_2}=1.105+0.002+0.66+4.95=6.72(\text{m}^3/\text{kg})$$

$$V_y=1.105+0.002+0.66+6.44=8.21(\text{m}^3/\text{kg})$$

（5）用近似插值法计算燃料的理论热量计温度：

$$i=c\cdot t=\frac{Q_{dw}}{V_y^0}=\frac{23853.794}{6.72}=3549.67(\text{kJ}/\text{m}^3)$$

假设温度为1500℃，查阅附表1得到假定温度下各种气体的 c，经计算得

$$CO_2\%=\frac{V_{CO_2}}{V_0}\cdot100\%=\frac{1.105}{6.72}\times100\%=16.4\%$$

$$SO_2\%=\frac{V_{SO_2}}{V_0}\cdot100\%=\frac{0.002}{6.72}\cdot100\%=0.0298\%$$

$$H_2O\%=\frac{V_{H_2O}}{V_0}\cdot100\%=\frac{0.66}{6.72}\cdot100\%=9.82\%$$

$$N_2\%=\frac{V_{N_2}}{V_0}\cdot100\%=\frac{4.95}{6.72}\cdot100\%=73.66\%$$

$$i'=2758.39\times9.82\%+3545.34\times16.4\%+2170.55\times73.66\%=2451.14(\text{kJ}/\text{m}^3)$$

假设温度为2200℃，查阅书后附表1得到假定温度下相关气体的 c，经计算得

$$i'=3487.44\times9.82\%+5454.2\times16.4\%+3295.84\times73.66\%=3664.67(\text{kJ}/\text{m}^3)$$

$$t_{th}^0=\frac{(3561.98-2451.14)\times500}{(3664.67-2451.14)}+1500=1957.69℃$$

2.4　烟气的分析计算

如燃烧产物中还存在可燃物质，则称为不完全燃烧。造成不完全燃烧的原因可能是燃料与空气混合不均匀、空气供应不足或者燃烧产物发生热分解等等。不论是人工操控或自动操控都应当对燃烧质量进行检测，以便合理组织燃烧过程使燃料利用率达到最佳水平。检测计算的手段是通过对燃烧产物烟气成分进行气体分析，然后按照燃料性质和烟气成分

返算各项指标。燃烧过程检测的主要内容是燃烧质量的检测，包括空气消耗系数和燃烧完全程度的检测。

2.4.1 燃烧产物气体成分的测定和验证

燃烧产物气体成分的分析是检验燃烧过程的基本手段之一。在进行燃烧过程的检测计算之前必须先获得准确的燃烧产物成分的实测数据。

成分分析的方法有两种类型：一种是定期取样，在实验室中对样品进行化学分析测定的实验室分析方法；另一种是利用可以连续测定被测物质含量或性质的分析仪表进行在线连续分析方法。相应的分析仪表有实验室用分析仪表和工业用自动分析仪表两类。测定气体成分的方法是先用一取样装置由燃烧室或烟道系统中规定的位置(取样点)抽取气体试样，然后用气体分析仪进行成分分析，气体分析器的种类很多，如奥氏气体分析器、氧化锆氧分析仪、红外气体分析仪、气体色谱仪等等。总之，要有正确的方法和精密的仪器才能得到准确的气体成分数据。

取样系统不仅是将被测样品从生产流程中取出并送至分析仪。而且要根据成分分析仪的实际要求，对样品进行除湿、除尘、除油污、除腐蚀性物质等处理，取样一般应遵循以下原则：

(1) 取出样品应尽可能有代表性。燃烧室或烟道内各点气体成分是不均匀的，因此取样点选择必须适当，力求该处成分具有代表性，或者设置合理分配的多个取样点，求各点成分的平均值，取样不能设置在生产设备管线的死角，或有空气渗入以及发生生产过程不应有的物理化学反应区域；

(2) 取样过程中不允许混入其他气体，也不允许在取样装置中，各种气体之间进行化学反应；

(3) 应尽量能满足分析仪器对样品所提出的技术要求，例如应满足温度、湿度、含尘量、流量、压力、非腐蚀性、非干扰性等方面的要求；

(4) 应尽快传送样品，以减少时间滞后。在允许的情况下，取样管线应尽量短。

烟气分析结果的正确性受到取样、仪器等许多因素影响，因此检验烟气分析结果是否正确至关重要。利用燃料燃烧计算的原理，可以建立起燃烧产物各组成分之间的关系，这样得出检验烟气成分测试结果是否正确的检验方程。

如燃烧产物中 CO_2 和 SO_2 之和用 RO_2 表示，V_{RO_2} 表示完全燃烧时 RO_2 的体积，V_{gy}^0 表示干理论燃烧产物生成量，则干燃烧产物中 RO_2 的最大理论含量 $RO'_{2,\max}$ 为

$$RO'_{2,\max} = \frac{V_{RO_2}}{V_{gy}^0} \cdot 100 \tag{2-81}$$

在空气中燃烧时，将固体或液体燃料计算 V_{RO_2} 的式(2-21)和计算 $V_{N_2}^0$ 的式(2-26)展开为燃料成分的关系式(注意 $\alpha = 1.0$)，然后代入式(2-81)，整理后可得：

$$RO'_{2,\max} = \frac{V_{RO_2}}{V_{gy}^0} \cdot 100 = \frac{V_{RO_2}}{V_{RO_2} + V_{N_2}^0} \cdot 100 = \frac{21}{1 + \beta} \tag{2-82}$$

式中 β——燃料特性系数，决定于燃料成分。

$$\beta = 2.37(H - 0.125O + 0.038N) \cdot \frac{1}{C + 0.375S} \tag{2-83}$$

对于气体燃料，将表示 V_{RO_2} 和 V_{N_2} 的式(2-37)、式(2-38)和式(2-42)展开为燃料成分的关系式，然后代入式(2-82)整理后可得

$$\beta = \frac{0.79 \left[0.5H_2 + 0.5CO + \sum \left(n + \frac{m}{4} \right) C_n H_m + 1.5H_2S - O_2 \right]}{CO + \sum n C_n H_m + H_2S + CO_2} - 0.79 \quad (2-84)$$

式(2-82)表示燃料在普通空气中燃烧时，燃料特性系数 β 与 $RO'_{2,max}$ 之间的关系。对于一定成分的燃料，β 值与 $RO'_{2,max}$ 都是一定的。表2-9是应用一些燃料的典型成分计算得出的 β 与 $RO'_{2,max}$ 的值。

表 2-9　几种燃料及其燃烧产物的特征值

燃料	$RO'_{2,max}$	β	$p/(kJ/m^3)$	K
C	21	0	3831	1.0
H_2	0	—	5736	—
CO	34.7	-0.395	4375	0.5
CH_4	11.7	0.79	4187	2.0
天然煤气(富气)	12.2	0.72	4190	2.0
天然煤气(贫气)	11.8	0.78	4190	2.0
焦炉煤气	11.0	0.90	4630	2.28
烟煤发生炉煤气	19.0	0.10	3250	0.75
无烟煤发生炉煤气	20	0.05	3100	0.64
高炉煤气	25	-0.16	2510	0.41
重油	16	0.31	4080	1.35
烟煤	18~19	0.167~0.105	3810~3940	1.12~1.16
无烟煤	20.2	0.04	3830	1.05~1.10

按式(2-83)或式(2-84)计算 β 值后，可按式(2-82)计算 $RO'_{2,max}$ 值。另一方面，还可建立起 $RO'_{2,max}$ 与实际燃烧产物成分之间的关系。

当完全燃烧时，可以写出(不计空气中水分)：

$$V_{gy} = V_{gy}^0 + (V_k - V_k^0) \quad (2-85)$$

如果是不完全燃烧，则因为燃烧产物生成量将发生变化，应对 V_{gy} 加以修正。根据式(2-52)，对于干燃烧产物来说，完全燃烧与不完全燃烧生成量之间的关系为

$$V_{gy} = V_{gyb} \cdot \left[100 - (0.5CO' + 1.5H_2' + 2CH_4') \right] \cdot \frac{1}{100}$$

式(2-85)应改写为

$$V_{gyb} \left[100 - (0.5CO' + 1.5H_2' + 2CH_4') \right] \frac{1}{100} = V_{gy}^0 + (V_k - V_k^0)$$

即

$$V_{gy}^0 = V_{gyb} \cdot \left[100 - (0.5CO' + 1.5H_2' + 2CH_4') \right] \cdot \frac{1}{100} - (V_k - V_k^0) \quad (2-86)$$

上式中 $(V_k - V_k^0)$ 为过剩余空气量，燃烧产物所含的氧气包括两部分，一部分是因 $\alpha > 1$

而过剩的，另一部分是因为不完全燃烧未能参加反应而节省下来的。

$$O_2' = O_{2过}' + (0.5CO' + 0.5H_2' + 2CH_4') \tag{2-87}$$

$$O_{2过}' = O_2' - (0.5CO' + 0.5H_2' + 2CH_4')$$

则过量空气量为

$$(V_k - V_k^0) = \frac{100}{21} \left[O_2' - (0.5CO' + 0.5H_2' + 2CH_4') \right] \cdot \frac{1}{100} \cdot V_{gyb} \tag{2-88}$$

代入式(2-86)，整理得

$$V_{gy}^0 = V_{gyb}(100 - 4.76O_2' + 0.88H_2' + 1.88CO' + 7.52CH_4') \cdot \frac{1}{100} \tag{2-89}$$

如 $\alpha<1$，利用式(2-52)可得同样结果，即式(2-89)在 $\alpha<1$ 时亦成立。

另一方面

$$V_{RO_2} = V_{gyb} \cdot (RO_2' + CO' + CH_4') \cdot \frac{1}{100} \tag{2-90}$$

将式(2-89)和式(2-90)代入式(2-81)则得

$$RO_{2,max}' = \frac{(RO_2' + CO' + CH_4') \cdot 100}{100 - 4.76O_2' + 1.88H_2' + 1.88CO' + 7.52CH_4'} \tag{2-91}$$

如果 $\alpha<1$ 且 $O_2'=0$，则得

$$RO_{2,max}' = \frac{(RO_2' + CO' + CH_4') \cdot 100}{100 + 1.88H_2' + 1.88CO' + 7.52CH_4'} \tag{2-92}$$

完全燃烧且 $\alpha>1$，则得

$$RO_{2,max}' = \frac{RO_2'}{100 - 4.76O_2'} \cdot 100 \tag{2-93}$$

上式说明在燃料完全燃烧时，RO_2' 的变化趋势与空气消耗系数 O_2' 相反，因此在燃烧装置运行时，如果发现 RO_2' 过低，就意味着空气量供给过多，或燃烧装置漏入了较多的冷空气。因此通过测定 RO_2' 可以了解燃烧装置内的空气过量系数是否符合要求。

式(2-91)、式(2-92)和式(2-93)表示理论上 $RO_{2,max}'$ 与燃烧产物成分之间的关系。如果数据可靠，$RO_{2,max}'$ 可由燃料成分计算出来，也可由实际燃烧产物成分计算出来。

式(2-91)还可用来对燃烧过程的质量进行判断。实际燃烧气体分析 $RO_2'\%$ 应小于 $RO_{2,max}'\%$，并且如果是完全燃烧或越是较小的空气过剩系数，则实际的 $RO_2'\%$ 越是接近 $RO_{2,max}'\%$ 的数值。或者说 $RO_2'\%$ 越是接近 $RO_{2,max}'\%$，便说明燃烧过程组织的越好。因此可以在炉子操作规程中规定烟气分析的 $RO_2'\%$ 的最低值，作为燃烧操作的标准。

将式(2-91)代入式(2-82)整理后可得燃烧产物成分之间的关系式为

$$(1+\beta)RO_2' + (0.65+\beta)CO' + O_2' - 0.185H_2' - (0.58-\beta)CH_4' = 21 \tag{2-94}$$

这一方程表示了烟气成分间应满足的关系式，称为气体分析方程，应用式(2-94)可检验烟气分析结果，如果测出的烟气成分不能满足该方程，则表明测试结果不准确，根据燃料成分确定 β 值后（或参考表2-9），实际分析的气体应满足式(2-94)，否则说明分析值有误差，应检查仪器或分析方法，修正后重新测定。

如果 H_2' 和 CH_4' 甚小可忽略不计，可得

$$(1+\beta)RO_2' + (0.65+\beta)CO' + O_2' = 21$$

经变形可得

$$CO' = \frac{21 - O_2' - (1+\beta)RO_2'}{0.65 + \beta} \qquad (2-95)$$

如已核实气体分析结果是准确的，那么上式便可用来求某一未知成分。实际上，对于一些含挥发物很少的固体燃料(如焦炭、无烟煤)和含 H_2 及氢量很少的气体燃料，如果简单的气体分析器只能分析 CO_2' 和 O_2'，或由于 CO' 含量较低，用简单烟气分析仪较难测准，故通常只测定 CO_2' 和 O_2'，根据式(2-95)求出 CO'。总之燃烧产物各成分之间存在着一定联系，根据这种联系可以讨论燃烧过程的质量，并可以验证气体分析的准确性。

如果完全燃烧，则得

则得
$$(1+\beta)RO_2' + O_2' = 21 \qquad (2-96)$$
即

$$RO_2' = \frac{21 - O_2'}{1+\beta}$$

在不同的适用条件下，式(2-94)~式(2-96)可用来验证燃烧产物(废气)气体分析的准确性。

2.4.2 空气消耗系数的检测计算

空气消耗系数 α 的大小直接影响燃料燃烧设备的经济性。α 值对燃烧过程及理论燃烧温度、烟气量等燃烧参数有很大影响，在设计炉子时，α 是根据经验取得的。对于要求燃烧完全的炉子，α 值可以参考表 2-2 选取。对于要求还原性气氛的炉子，α 值则根据工艺要求而定。对于正在生产的炉子，由于炉子吸气和漏气的影响，炉内实际的 α 值应根据炉膛出口烟气分析测定的结果，根据有关公式计算空气消耗系数。

按烟气成分计算空气消耗系数的方法有很多。下面介绍常用的计算空气消耗系数方法。

(1) 在普通空气中燃烧时 α 的检测计算(按氮平衡计算)

将空气消耗系数表示为

$$\alpha = \frac{V_k}{V_k^0} = \frac{1}{\left(\frac{V_k^0}{V_k}\right)} = \frac{1}{\left(\frac{V_k + V_k^0 - V_k}{V_k}\right)} = \frac{1}{1 - \frac{\Delta V_k}{V_k}} \qquad (2-97)$$

式中 $\Delta V_k = V_k - V_k^0$，表示过剩空气量，然后求出式中 V_k 和 ΔV_k 与烟气成分的关系。

① 对于固体燃料、液体燃料，根据氮平衡可知：

$$\frac{79}{100}V_k + \frac{N}{100} \cdot \frac{22.4}{28} = N_2' V_{gy} \cdot \frac{1}{100}$$

$$V_k = \frac{N_2' V_{gy} - \frac{N}{28} \cdot 22.4}{79} \qquad (2-98)$$

ΔV_k 用式(2-88)计算，然后式(2-88)中的 V_{gyb} 用式(2-90)代入得到

$$(V_k - V_k^0) = \frac{100}{21}\left[O_2' - (0.5CO' + 0.5H_2' + 2CH_4')\right] \cdot \frac{V_{RO_2}}{RO_2' + CO' + CH_4'} \qquad (2-99)$$

将式(2-98)及式(2-99)代入式(2-97)，整理得

$$\alpha = \cfrac{1}{1 - \cfrac{79}{21} \cdot \cfrac{(O_2' - 0.5CO' - 0.5H_2' - 2CH_4')}{N_2' - \cfrac{N \cdot \cfrac{22.4}{28} \cdot (RO_2' + CO' + CH_4')}{V_{RO_2} \cdot 100}}} \qquad (2\text{-}100)$$

式中，$V_{RO_2} = \left(\dfrac{C}{12} + \dfrac{S}{32}\right) \cdot \dfrac{22.4}{100}$。

式(2-100)可用来计算固体或液体燃料在空气中燃烧时的空气消耗系数。

② 对于气体燃料，根据氮平衡可知

$$\frac{79}{100}V_k + \frac{N_2}{100} = N_2' V_{gy} \cdot \frac{1}{100}$$

$$V_k = \frac{N_2' V_{gy} - N_2}{79} \qquad (2\text{-}101)$$

将式(2-99)及式(2-101)代入式(2-97)，整理得

$$\alpha = \cfrac{1}{1 - \cfrac{79}{21} \cdot \cfrac{(O_2' - 0.5CO' - 0.5H_2' - 2CH_4')}{N_2' - \cfrac{N_2 \cdot (RO_2' + CO' + CH_4')}{V_{RO_2} \cdot 100}}} \qquad (2\text{-}102)$$

式中，$V_{RO_2} = \left(CO + CO_2 + \sum n C_n H_m + H_2 S\right) \cdot \dfrac{1}{100}$。

对于含氮量很少的燃料(固体燃料、液体燃料、天然气、焦炉煤气等)，则式(2-100)及式(2-102)改为

$$\alpha = \cfrac{1}{1 - \cfrac{79}{21} \cdot \cfrac{(O_2' - 0.5CO' - 0.5H_2' - 2CH_4')}{N_2'}} \qquad (2\text{-}103)$$

若是完全燃烧 $CO' = H_2' = CH_4' = 0$，则

$$\alpha = \cfrac{1}{1 - \cfrac{79}{21} \cdot \cfrac{O_2'}{N_2'}} \qquad (2\text{-}104)$$

如燃料中含 H 量很小的燃料可略去时，经计算可得，$N_2' \approx 79$，则式(2-104)可简化为

$$\alpha = \cfrac{1}{1 - \cfrac{O_2'}{21}} = \frac{21}{21 - O_2'} \qquad (2\text{-}105)$$

在数据缺乏的情况下，根据式(2-105)可以大致估计出空气消耗系数。

式(2-103)~式(2-105)中仅包含烟气成分，虽使用方便，但要注意他们各自的应用条件。

(2) 在非常规空气中燃烧时，空气消耗系数 α 值的计算(按氧平衡计算)。

① 完全燃烧的情况下

$$\alpha = \frac{V_k}{V_k^0} = \frac{V_{O_2}}{V_{O_2}^0} \qquad (2\text{-}106)$$

由于 $V_{O_2} = V_{O_2}^0 + V_{\Delta, O_2} \qquad (2\text{-}107)$

得到
$$\alpha = \frac{V_{O_2}^0 + V_{\Delta,O_2}}{V_{O_2}^0} \tag{2-108}$$

式中　V_{O_2}——实际供氧量；

　　　$V_{O_2}^0$——理论上的供氧量；

　　　V_{Δ,O_2}——实际供氧量与理论需氧量相差的数值，即

$$V_{\Delta,O_2} = O_2' \cdot V_{gy} \cdot \frac{1}{100} \tag{2-109}$$

$V_{O_2}^0$、V_{RO_2} 可根据燃料的成分表求得，令 $K = \dfrac{V_{O_2}^0}{V_{RO_2}}$，计算表明，对于成分波动不大的同一种燃料，$K$ 值可近似取为常数(见表 2-9)。

$$V_{O_2}^0 = K V_{RO_2} = K V_{gy} \frac{RO_2'}{100} \tag{2-110}$$

这样根据计算或由表 2-9 可确定燃料的 K 值。

将式(2-109)和式(2-110)代入式(2-108)可得到

$$\alpha = \frac{V_{O_2}^0 + V_{\Delta,O_2}}{V_{O_2}^0} = \frac{K V_{gy} \dfrac{RO_2'}{100} + O_2' \cdot V_{gy} \cdot \dfrac{1}{100}}{K V_{gy} \dfrac{RO_2'}{100}} = \frac{K RO_2' + O_2'}{K RO_2'} \tag{2-111}$$

按式(2-111)便可容易的计算出 α 值。

② 当燃料不完全燃烧时

根据 α 的定义式 $V_{O_2}^0$、V_{RO_2} 均为完全燃烧时的值。当燃料不完全燃烧时，当燃烧产物中还有 CO、H_2、CH_4 等可燃气体成分时，这些成分完全燃烧后就达到了燃料的完全燃烧。公式中的氧量应减去这些可燃气体如燃烧时将消耗掉的氧；RO_2' 量应包括这些可燃气体如燃烧时将生成的 RO_2，对式(2-111)进行修正，则不完全燃烧时的计算式为

$$\alpha = \frac{K(RO_2' + CO' + CH_4') + O_2' - (0.5CO' + 2CH_4')}{K(RO_2' + CO' + CH_4')} \tag{2-112}$$

上述方法比较简单，而且对于在空气中燃烧，在富氧空气或纯氧中燃烧均适用。

2.4.3　不完全燃烧的热损失计算

当燃料不完全燃烧时，烟气中含有可燃成分 CO、H_2、CH_4，这样会带走燃料的一部分化学能，由此而得到的燃烧热损失称为不完全燃烧热损失。单位燃料燃烧时的化学不完全燃烧损失定义为化学不完全热损失。

不完全燃烧热损失(q_h)表示为单位(质量或体积)燃料燃烧时，燃烧产物中因存在可燃物而含有的化学热占燃烧发热量的百分数，该数值反映燃烧过程的质量水平，也影响到炉子的燃料利用效率。即

$$q_h = \frac{V_y \cdot Q_y}{Q_{dw}} \cdot 100\% = \frac{V_{CO} \cdot Q_{CO} + V_{H_2} \cdot Q_{H_2} + V_{CH_4} \cdot Q_{CH_4}}{Q_{dw}} \cdot 100\% \tag{2-113}$$

式中　Q_{CO}——CO 的发热量，等于 12600kJ/m³；

　　　Q_{H_2}——H_2 的发热量，等于 10800kJ/m³；

　　　Q_{CH_4}——CH_4 的发热量，等于 35800kJ/m³。

$$V_{CO} = V_{gyb} \cdot \frac{CO'}{100}$$

$$V_{H_2} = V_{gyb} \cdot \frac{H_2'}{100}$$

$$V_{CH_4} = V_{gyb} \cdot \frac{CH_4'}{100}$$

式中，Q_y 为燃料产物的化学热，可按燃烧产物的成分求得。如燃烧产物中的可燃成分为 CO、H_2 及 CH_4，则：

$$q_h = \frac{V_{gyb}}{Q_{dw}}(126CO' + 108H_2' + 358CH_4') \cdot 100\% \tag{2-114}$$

式(2-114)包含有燃料产物的生成量。实际炉子工作时烟气量的测定是比较困难的，故按式(2-114)进行测定计算也比较困难，令 $p = \frac{Q_{dw}}{V_y^0}$，可将式(2-114)改写为

$$q_h = \frac{V_{gyb}}{V_y^0} \cdot \frac{1}{p} \cdot (126CO_2' + 108H_2' + 358CH_4') \cdot 100\% \tag{2-115}$$

由碳平衡原理可知

$$V_y^0 \cdot RO'_{2,max} = V_{gyb} \cdot (RO_2' + CO' + CH_4')$$

故得到

$$\frac{V_{gyb}}{V_y^0} = \frac{RO'_{2,max}}{(RO_2' + CO' + CH_4')} \tag{2-116}$$

将式(2-116)代入式(2-115)，可得

$$q_h = \frac{RO'_{2,max}}{p} \cdot \frac{(126CO_2' + 108H_2' + 358CH_4')}{RO_2' + CO' + CH_4'} \cdot 100\% \tag{2-117}$$

式(2-117)中 p 值为燃料特性值，只取决于燃料种类和燃料成分，各种常用燃料的 p 值见表 2-9，当然也可根据燃料的平均成分计算得到。

例 2-4 已知重油在空气中燃烧，测得烟气成分(%) $CO' = 1$，$H_2' = 1.2$，$O_2' = 1.5$，$RO_2' = 14$。

求：(1) 验证烟气分析的精确性；

(2) 化学不完全燃烧热损失；

(3) 空气消耗系数。

解：(1) 验证烟气分析的精确性：

查表 2-9 得 $\beta = 0.31$

$(1+\beta)RO_2' + (0.605+\beta)CO' + O_2' - 0.185H_2' - (0.58-\beta)CH_4' = 21$

$(1+0.31) \times 14 + (0.605+0.31) \times 1 - 0.185 \times 1.2 + 1.5 = 20.533$

$$\frac{20.533 - 21}{20.533} \times 100\% = -2.3\%$$

(2) 通过查阅表 2-9 得相关参数，计算化学不完全燃烧热损失 q_h：

$$p = 4080 \text{kJ/m}^3, \quad RO'_{2,max} = 16$$

$$q_h = \frac{RO'_{2,max}}{p} \cdot \frac{(126CO' + 108H'_2 + 358CH'_4)}{RO'_2 + CO' + CH'_4} \cdot 100\%$$

$$q_h = \frac{16}{4080} \cdot \frac{(126 \times 1 + 108 \times 1.2)}{14 + 1} \cdot 100\% = 6.7\%$$

（3）按氧平衡计算空气消耗系数：

查阅表 2-9 得 $K = 1.35$

$$\alpha = \frac{O'_2 - (0.5CO' + 0.5H'_2 + 2CH'_4) + K(RO'_2 + CO' + CH'_4)}{K(RO'_2 + CO' + CH'_4)}$$

$$\alpha = \frac{1.5 - (0.5 \times 1 + 0.5 \times 1.2 + 0) + 2.28 \times (9 + 1.9)}{1.35 \times (14 + 1)} = 1.02$$

例 2-5 已知焦炉煤气在空气中燃烧，测得烟气成分（%）$RO'_2 = 9$，$O'_2 = 2$，$CO' = 1.5$。

求：（1）验证烟气分析的精确性；

（2）燃烧时的空气消耗系数；

（3）化学不完全燃烧热损失。

解：（1）查表得到 β 值，验证烟气分析的精确性：

由表 2-9 取 $\beta = 0.9$，取 $K = 2.28$

$(1 + \beta)RO'_2 + (0.605 + \beta)CO' + O'_2 - 0.185H'_2 - (0.58 - \beta)CH'_4$

$(1 + 0.9)9 + (0.605 + 0.9)1.5 + 2 - 0 - 0 = 21.3575$

$$\frac{21.3575 - 21}{21.3575} \times 100\% = 1.67\%$$

（2）通过查表 2-9 获得相关参数，按氧平衡计算空气消耗系数：

查阅 $p = 4630 \text{kJ/m}^3$，$RO'_{2,max} = 11$

$$\alpha = \frac{O'_2 - (0.5CO' + 0.5H'_2 + 2CH'_4) + K(RO'_2 + CO' + CH'_4)}{K(RO'_2 + CO' + CH'_4)}$$

$$= \frac{1.5 - (0.5 \times 1 + 0.5 \times 1.2 + 0) + 2.28 \times (9 + 1.9)}{1.35 \times (14 + 1)} = 1.02$$

（3）化学不完全燃烧热损失：

$$q_h = \frac{RO'_{2,max}}{P} \cdot \frac{(126CO' + 108H'_2 + 358CH'_4)}{RO'_2 + CO' + CH'_4} \cdot 100\%$$

$$q_h = \frac{11}{4630} \cdot \frac{(126 \times 1.5)}{9 + 1.5} \cdot 100\% = 4.276\%$$

作 业 题

1. 什么是过量空气系数或空气消耗系数？它对燃烧有什么影响？

2. 什么是燃烧温度？什么是理论燃烧温度？什么是理论热量计温度？各受什么因素影响？

3. 燃烧过程检测的意义和主要内容是什么？有何意义？

4. 造成不完全燃烧的原因有哪些？

5. 已知某煤的成分，$C^r\% = 82.2\%$，$H^r\% = 5.1\%$，$N^r\% = 0.5\%$，$S^r\% = 0.1\%$，$O^r\% = 12.1\%$，$A^g\% = 10.92\%$，$W^y\% = 3.2\%$。

求：（1）应用基成分；

（2）计算煤的低位发热量；

（3）理论空气需要量，实际空气量(空气过剩系数 $\alpha = 1.15$)；

（4）理论烟气量，实际烟气量；

（5）计算燃料理论热量计温度。

6. 某种焦炉煤气干成分如下(温度为 20℃)，用含氧量25%的空气为燃料，当 $\alpha = 1.05$ 时，试计算下列各项：

%(体积)

CH$_4$	C$_2$H$_4$	H$_2$	O$_2$	N$_2$	CO	CO$_2$
30.0	3.2	55.0	0.2	2.0	7.6	2.0

（1）将干成分换算成湿成分；

（2）计算高、低位发热量；

（3）理论空气需要量、实际空气需要量；

（4）燃烧产物生成量、成分及密度；

（5）如空气预热温度为 350℃，求理论燃烧温度。

7. 已知天然煤气（富气）燃料燃烧后检测出的烟气成分为：$H_2' = 0.5$，$CO' = 0.5$，$CO_2' = 7.8$，$N_2' = 84.2$，$O_2' = 7.0$

求：（1）验证烟气分析的精确性；

（2）试计算空气消耗系数(按氧平衡计算)；

（3）化学不完全燃烧热损失。

3 燃烧理论基础

本章主要介绍气体射流的混合过程、燃烧化学反应动力学基础、着火过程、火焰结构以及油粒与炭粒的燃烧学方面的燃烧理论知识。

3.1 气体射流的混合过程

3.1.1 静止气体中的自由射流

煤气喷射到大气中的燃烧情况属于静止气体中的自由射流，其燃烧装置称为大气烧嘴。根据流场显示和流场探测资料发现，沿射流前进的方向，可将射流分为初始段、过渡段和自模段(图3-1)。

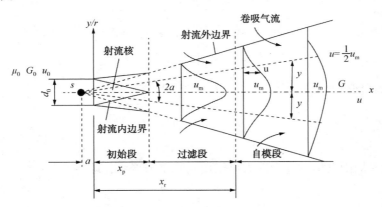

图 3-1　二元自由射流结构示意图

当气流由管嘴或孔口喷射到充满静止介质的无限空间时，形成的气流称为自由射流。自由射流的实质是喷出气体与周围介质进行动量和质量交换的过程，即喷出气体与周围介质的混合过程。自由射流理论是工程上经常遇到的受限空间射流的理论基础。

当喷嘴口径较小、喷出流量也较小时，在喷嘴出口处形成层流自由射流。

当周围介质的温度和密度与喷出气流相同时，称为等温自由射流。

当周围介质的温度和密度与喷出气流不同时，称为非等温射流。非等温射流的轨迹比较复杂，这时重力差使射流弯曲。热射流水平射至冷介质时轴线上弯，而冷射流水平射至热介质时轴线下弯。

如果射流垂直向上射出，那么重力差只是稍微改变射流的张角及核心收缩角，在截面上速度分布失真，也不使射流弯曲。在这种情况下，如果喷出气流密度小于周围介质的密度，则张角及收缩角减小；反之，则角度增大。

射流离开喷口以后，因与外围流体之间有速度差，且有黏性。故产生紊流漩涡层与外围流体进行动量和质量交换。这种紊流旋涡跨流扩散侵蚀主流，形成楔形射流核，也叫势流核心，核内各截面仍保持喷口截面上的初始速度 u_0、浓度 C_0 及温度 T_0，称为射流的初始段。

射流内外边界之间形成紊流边界层，又叫剪切层或掺混层。在这里，由于射流气体的卷吸作用，外围气体跨流扩散与主流混合，因而发生动量、质量及能量的交换，随着混合区的逐渐扩大并最终在射流中心相汇合，势流核心逐渐缩小而消失，射流沿程各截面上速度分布开始不断变化，直到成为相似速度分布，称为射流的过渡段。过渡段之后进入自模段，也叫射流的充分发展区，这时射流沿程各断面上轴向流速 u 都呈正态相似分布。

从燃烧学的角度来看，射流核心相当于火焰的黑根，它的长度 x_p 与喷口形状、喷口速度分布及紊流强度等因素有关，而各种文献所提供的数据不完全一致。

根据 Prandtl 紊流理论，可以导出自由射流半宽 y 与该截面上的轴向距离 x 成正比，即

$$y = \text{const} \cdot x \tag{3-1}$$

射流轴向速度 u_m 的沿程衰减规律，根据实验，为

$$\frac{u_0}{u_m} = 0.16 \cdot \frac{x}{d_0} - 1.5 \tag{3-2}$$

轴心浓度 C_m 的沿程衰减规律为

$$\frac{C_0}{C_m} = 0.22 \cdot \frac{x}{d} - 1.5 \tag{3-3}$$

在射流的充分发展区，轴向流速的径向分布具有相似性，分布公式为

$$\frac{u}{u_m} = \exp\left[-K_u \left(\frac{y}{x} \right)^2 \right] \tag{3-4}$$

浓度 C 的径向分布公式为

$$K_u = 82 \sim 92$$

$$\frac{C}{C_m} = \exp\left[-K_C \left(\frac{y}{x} \right)^2 \right] \tag{3-5}$$

$$K_C = 54 \sim 57$$

自由射流对周围气体的卷吸能力可以用卷吸率来表示，即

$$\frac{m_e}{m_0} = \frac{m_x - m_0}{m_0} \tag{3-6}$$

式中　m_e——卷吸量；

m_x——x 的截面处射流的总质量流量；

m_0——射流的初始质量流量。

当气体的密度与出流空间的气体密度相同（$\rho_0 = \rho_s$）时，根据实测数据证明，射流流量 m_x 与轴向距离 x 成正比，即

$$\frac{m_x}{m_0} = K_e \cdot \frac{x}{d_0} \tag{3-7}$$

式中，比例常数 $K_e = 0.25 \sim 0.45$，与实验条件有关。

Ricou，Spalding 公式为

$$\frac{m_x}{m_0} = 0.32 \cdot \frac{x}{d_0} \qquad (3-8)$$

根据以上分析，得出自由射流对周围介质的卷吸率为

$$\frac{m_e}{m_0} = 0.32 \cdot \frac{x}{d_0} - 1 \qquad (3-9)$$

$$\frac{m_e}{m_0} = 0.40 \cdot \frac{x}{d_0} - 1 \qquad (3-10)$$

当 $\rho_0 \neq \rho_s$ 时，例如出流空间为 ρ_s 的高温气体，在这种情况下，射流受热膨胀，速度梯度增大，因此紊流强度也增大。为了考虑这一情况对卷吸率的影响，并照顾到计算的方便，Thring 提出当量直径的概念。管中喷出的是密度为 ρ_s 的气体，但喷出速度和动量仍保持原有数值 u_0 和 G_0。根据动量相等的概念，可以得出当量直径 d_e 的计算公式为

$$d_e = d_0 \cdot \sqrt{\left(\frac{\rho_0}{\rho_s}\right)} \qquad (3-11)$$

或者，当射流初始流量 m_0 和动量 G_0 已知时，d_e 可由下式求出：

$$d_e = \frac{2m_0}{\sqrt{\pi \rho_0 G_0}} \qquad (3-12)$$

将当量直径 d_e 代入卷吸率公式(3-9)和公式(3-10)，得到非等温射流的卷吸率为

$$\frac{m_e}{m_0} = 0.32\sqrt{\left(\frac{\rho_s}{\rho_0}\right)}\frac{x}{d_0} - 1 \qquad (3-13)$$

$$\frac{m_e}{m_0} = 0.40\sqrt{\left(\frac{\rho_s}{\rho_0}\right)}\frac{x}{d_0} - 1 \qquad (3-14)$$

以上是出流到静止气体中的紊流自由射流的一些基本特性，根据这些基本特性，可以对空间中紊流扩散的火焰长度进行估算。

紊流射流内部有许多分子微团的横向脉动，引起射流与周围介质之间的质量和动量交换，使周围介质被卷吸。这就是紊流扩散过程，亦即射流与周围介质的混合过程。在层流自由射流和紊流自由射流中，由于气体分子或分子微团与周围介质间的掺混，造成射流中动量的损失，但同时也使周围介质获得动量而发生运动，碰撞与被碰撞点二者的动量总和是不变的。因此，沿射流轴线方向整个射流的动量保持不变，即 $mv =$ 常数。由于动量不变，沿射流轴线方向的压力也保持不变。这是自由射流的主要特点。

3.1.2 同向平行流中的自由射流

当射流出流于同向平行气流中时(图 3-2)，射流的扩展、轴心速度的衰减、势核的长度等，都和射流与外围气流之间的速度梯度有关。例如，当外围气流的速度 u_s 由零逐渐变大时，射流与外围气流之间的速度差越来越小，因而混合的速度逐渐减慢，而当二者流速相等时其混合速度很慢。当外围气流的流速超过射流流速时，速度梯度又开始增大，因而混合速度也随之变快。同理，速度梯度很小，射流扩展及轴心速度衰减就越慢，势核的长度也越大，当外围流与射流本身的流速相等时，势流核心将贯穿整个流场。

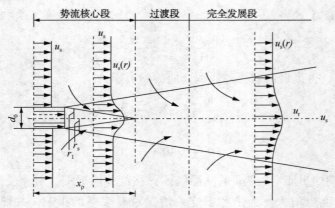

图 3-2 同向平行流中的自由射流

Squire 和 Trouncer 从理论上分析了平行流中自由射流的有关特性，提出射流出口附近混合区中轴向速度的分布公式为：

$$u = \frac{u_0 - u_s}{2}\left(1 - \cos\pi\,\frac{r_2 - r}{r_1 - r}\right) \qquad (3-15)$$

式中 r_2，r_1——混合区的外半径，内半径；

　　　　u_0——射流出口速度；

　　　　u_s——外围流的速度。

图 3-3 是根据式（3-15）得出的平行流中射流轴向速度的衰减情况，图中 $\gamma = u_s/u_0$ 表示外围流速与射流初始速度之比。从图中可以看出，当流速比 $\gamma = 0$ 和 2.13 时，势流核心最小，速度衰减最快，这就说明混合比较强烈。当 γ 由 0 或 2.13 趋向 1 时，势流核心越来越大，射流轴心速度衰减变慢（图中 $\gamma > 1$ 的曲线是根据 Alpinieri 的实验数据绘出的）。

图 3-4 是射流的半速线（表示射流的扩散情况）随流速比 γ 的变化规律。从图中看出，当 $\gamma < 1$ 时，射流张角及射流扩展率随 γ 的增大而减小。

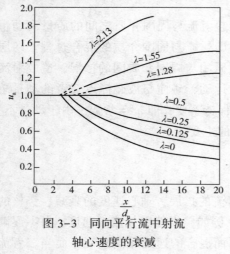

图 3-3 同向平行流中射流
轴心速度的衰减

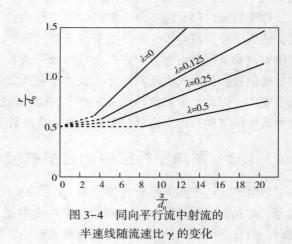

图 3-4 同向平行流中射流的
半速线随流速比 γ 的变化

$$\frac{x_p}{d_0} = 4 + 12\gamma \qquad (3-16)$$

式中，$\gamma = u_s/u_0 = 0.2 \sim 0.5$。

射流充分发展区轴心速度u_c的衰减

$$\frac{u_c-u_s}{u_0-u_s}=\frac{x_p}{x} \qquad (3-17)$$

射流的扩展规律

$$\frac{Y_{0.5}}{r_0}=\left(\frac{x/d_0}{x_p/d_0}\right)^{1-\gamma} \qquad (3-18)$$

式中，$Y_{0.5}$为$u=\dfrac{u_{min}+u_{max}}{2}$的径向距离。

截面速度分布为

$$\frac{u-u_s}{u_c-u_s}=\frac{1}{2}\left(1+\cos\frac{\pi r}{2\,Y_{0.5}}\right) \qquad (3-19)$$

当射流与外围流的密度不同时（例如非等温射流），射流特性不仅与流速比γ有关，而且也和密度比有关，并且是$\rho_s u_s/\rho_0 u_0$的函数。Alpinieri等曾研究过密度差对射流特性的影响，并发现，当射流的密度小于外围流的密度时，射流的衰减速度会变快，如图3-4所示。

3.1.3 相交射流

在工业炉用的燃烧装置中，广泛采用多股燃气射流以某一角度喷入空气流的方法，以强化混合过程。

常见的有两种混合装置。由于不符合正确的混合原则，其混合效果都不理想。第一种形式是燃气由相同直径且间距较小的孔口从周边喷入，因而靠近燃烧器外壁形成一个燃气环，使中心空气不能与燃气很好混合。第二种形式是燃气由中心喷入，在空气流中心形成一个燃气环使周围空气不能与燃气很好混合。因此这两种混合方式均得不到理想的、均匀的燃气空气混合物。正确的混合方法应该是采用不同直径的燃气射流，以便在燃烧器截面上形成离管壁距离不等的几个环形相交流动的情况的混合层，为使每一混合层中的空气和燃气均按预定比例混合。必须注意以下原则：

第一，应采用不同孔径的喷嘴，将燃气喷入空气流中，否则无法形成均匀的可燃混合物；

第二，孔与孔之间的距离应保证各股燃气射流互不重叠；

第三，在保证各股射流互不重叠的前提下，确定燃气喷嘴直径；

第四，射流喷出速度应保证射流在空气流中的穿透深度达到预定数值，以便在燃烧器截面上形成几个环形的燃气空气混合层。

在设计燃烧装置时，应根据相交气流混合过程的规律性，确定燃气出口速度v_2、空气流动速度v、燃气射流孔口直径d、孔与孔之间的距离s以及燃气射流与空气流的交角a。

在相交气流的混合过程中，主要研究的问题是：

第一，以某一角度射入主气流中的射流轨迹；

第二，射流在主气流中的穿透深度；

第三，沿射流轴线速度和温度的变化以及射流横截面上的速度场和温度场；

第四，射流与主气流的混合强度。

为了计算相交气流混合过程的各参数，必须确定混合过程与烧嘴结构系数(孔口形状、孔口尺寸等)及流体动力参数间的关系。

3.1.4 射流错流

错流射流又叫弯曲射流，是一种较为有效地用于流体混合的技术方法，其基本结构如

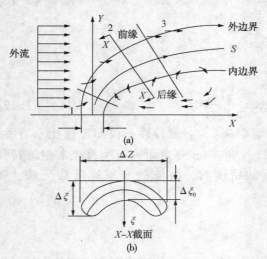

图 3-5 错流射流结构示意图
1—起始段；2—弯曲段；3—顺流贯穿段

图 3-5 所示。一股或多股射流以一定的角度进入周围运动着的另一流体(外流)，在外流中扩散并卷吸周围流体。同时，在外流的横向切应力作用下，流动方向向外流，方向弯曲。

由图 3-5 可见，错流射流的发展可分为 3 个阶段：起始段、弯曲段、顺流贯穿段。在起始段，射流中心有一个以喷口截面形状为底的锥形区域，称为势流核心区。势流核心区中，流体之间无相对剪切，各点的流速与流出喷口平面的起始速率相同，流体的黏性可以忽略，但区域的宽度随射流的射入深度而逐渐减小，直至其值为零，在此区域内，错流射流具有各向异性复杂的紊流结构。

在弯曲段，势流核心区消失，射流在外流驻点压力的作用下，流动方向发生明显的偏折。由于横向混合过程，射流中心轴线 S 上的流速最高，形成由中心向边缘逐渐降低的横向速率分布，边缘处更容易发生偏折，因而截面形状改变，从喷嘴出口的圆形到势流核心区的末端，成为腰子形，如图 3-5 中(b)所示，腰子形的两端由反向旋转并借循环外流体相联系的一对旋涡组成。此时，射流逐渐向各向同性紊流流动发展，因此，此区域又称为最大偏折区或过渡区。在顺流贯穿段，射流的流向完全趋于外流方向，而腰子形两端的旋涡继续发展增大，由于旋涡造成内循环，导致射流中的大尺度混合，卷吸的作用将大为增强。另外，一些动量较小的外界流体，由于横向剪切作用被带到尾流中心，造成流体的进一步混合，强烈的混合过程使得轴向动量分散在不断增加的横截面上，沿其流动方向轴向时均速率的横向分布具有相似性，射流变为充分发展的各向同性紊流流动。此外，在射流的后缘有一个回流区，回流区的范围与射流的喷射角及射流和外流的流速比有关。

3.1.4.1 射流错流混合过程的基本特性

错流射流一般用于流体的快速混合过程。而流体的混合机理无外乎分子扩散、紊流扩散和主体扩散。因此，了解错流射流混合过程中的基本性质，对于开发应用错流混合过程具有指导意义，从提高错流射流的混合效率、降低能耗等方面来看，下述性质显然是重要的。

（1）流体阻力

利用流体本身的压强和动量进行流体混合，混合过程中的流体阻力是人们关注的问题之一，因为流体阻力是混合过程中的主要能耗。Barrue 等的研究结果表明，在每单位混合距离内，错流射流混合器的压强降与 SMI 静态混合器相当，比 KMA 静态混合器低 40%，而

略高于同轴喷射混合器。因此，在工业应用过程中，流体阻力不应成为错流射流混合的障碍。相反，由于用错流射流混合器所需混合距离短，可以节省能耗。

（2）传质系数

强化流体间的热质传递是错流射流极具吸引力的重要性质。射流重要特点是卷吸周围流体，实验观察表明，射流自喷嘴射出，在紧靠喷嘴的一个相当短的过渡区内(其长短与雷诺数有关)，高速射流造成剪切层，由于剪切层自然不稳定性的迅速增长，形成旋涡，这些旋涡运动将紊流射流流体带至周围无旋流体，同时也将周围无旋流体卷入射流中。上述过程不断发生，可以使流体破碎成许多小的微团，微团大大提高了分子扩散的面积，从而使物质间的传质系数大为增强。

（3）混合速率

对于快速反应体系，流体间的混合速率对反应过程往往有较大影响。文献对 Oxynator 错流混合器与 KMA 和 SMI 静态混合器进行比较发现，Oxynator 可以在相当于几倍主管直径的距离内获得较好的混合质量。而静态混合器得到相同的混合质量所需的混合距离是 Oxynator 混合器的 3 倍多。同轴喷射使两流体充分混合需要 100 倍主管直径长度。总之，错流射流能得到较快的混合速率。

（4）混合时间

混合时间是评价混合器混合速率的重要指标，混合时间是指流体进入混合器开始至达到或接近预期的浓度偏差（ $m = \dfrac{|C - \bar{C}|}{\bar{C}}$ ）所经历的时间，当混合开始时， $m = 1.0$ 。混合完全均匀时， $m = 0$ 。通常人们认为 $m = 0.05$ 是较容易取得的最低值。因此可将任意混合时间 t_m 与 t_{95} 进行关联

$$\frac{t_m}{t_{95}} = -\frac{1}{3}\ln\left(\frac{100 - m}{m}\right) \tag{3-20}$$

一般认为 t_{95} 是最小混合时间。

（5）混合稳定性

流体的充分紊流和返混可以加速流体的混合速率。然而，在许多实际应用中要防止返混合压力波动，返混会造成流体在混合器内的停留时间具有不均匀性，从而会使物质的局部浓度过高，在快速反应体系中，这是有害的。在错流射流混合的过程中，可以通过控制两流体的动量比，即通过控制射流的穿透率，来避免射流的相互碰撞或射流撞击壁面，防止返混的发生，当然这可能延长流体的混合时间。而撞击流混合就是通过强烈的返混达到流体快速混合的目的。因此在实际应用中，根据不同要求选择流体的混合方式。

（6）适用体系

错流射流混合是通过一股或多股射流喷入到另一流体中，流体之间通过主体扩散、紊流扩散和分子扩散进行混合，其中主体扩散为控制因素，达到物料混合的目的，适用于异密度，多物料的液–液、气–气及气–液的快速混合体系。撞击流混合是通过两流体的强烈撞击形成紊流区，从而达到物料混合的目的，紊流扩散在物料混合中起主导作用。然而实验观察发现，处理由一种高分子量气体和一种轻气体组成的混合物时，重分子会因其动量较大而深度渗入反向射流，这些分子后扫，形成可检测到的回流。这种行为说明，撞击流在异密度多物料混合时，有它固有的不足。

3.1.4.2　错流射流的混合的影响因素

（1）动量比的影响

射流流体的动量 $M_s=\rho_s u_s^2$，外流流体的动量 $M_b=\rho_b u_b^2$，它们之间的比值是影响混合效果的重要因素。在 M_s/M_b 小于 1.5 的低值区，射流的动量可能不足以使射流越过出口平面处的边界层，只能沿着管壁偏转，随着动量比 M_s/M_b 增大，射流卷吸能力增大，射入的深度增大，能形成很好的主体扩散和紊流扩散，但当动量比 M_s/M_b 很大时，会引起射流过分地穿透主流体，影响流体流动的稳定性。

（2）射流孔径的影响

在相同的动量比条件下，随射流孔直径逐渐减小，混合均匀度提高，在相同的开孔面积的条件下，减小孔直径，增加进料点数目，能形成较好的主体扩散，有利于提高混合度。实践证明，采用多股错流射流的混合速率比单股错流射流的要快得多。当喷入管内的射流不止一股时，射流与射流之间会互相干扰。这种干扰作用的强弱与射流孔间距有关。当孔间距很大时，外流通过两股射流之间的间隙流向下游，射流之间的干扰很小，它们的流动行为和结构与单股射流相似。随着孔间距减小，射流之间的干扰增强，穿透率下降。当射流孔间距非常小时，射流的边界合拢，使外流不能从两股射流之间流向下游。这时，射流后缘的一对旋涡非常弱，甚至完全消失，而射流的初始涡量几乎全部转入射流前缘的旋涡。当射流孔径减少到一定尺度后，也即射流进料点达到一定数目后混合效果不再提高。

（3）射流开孔面积的影响

在同样动量比的条件下，开孔面积愈高，混合效果愈好，在射流孔径不变的情况下，适当地提高开孔面积能形成很好的主体扩散，即增加了进料点数，有利于提高混合效果。

（4）射流喷射角 θ_0 的影响

在相同的条件下，射流以不同的角度进入外流，物料之间的混合速率有较大的差别。Chilton 定性观察了以不同角度喷入主管的单股错流射流混合过程。结果发现，当射流的喷射角与外流垂直时（$\theta_0=90°$），混合速率最快，可在离射流入口相当于几倍主管直径的距离内获得较好的混合质量；当射流的喷射角与外流平行时（同轴射流，$\theta_0=0°$），混合速率最慢，两种流体充分混合所需要的管长增至相当于 250 倍主管直径左右。Narayan 等的定量实验研究也得到了与此相同的结论。Maruyama 根据不同 θ_0 时倾斜支管中紊流混合的实验结果指出，对于一定的射流孔径与管径比 d_j/D 和喷射角 θ_0，存在一个最佳速率比 α_{upt}。在速率比等于 α_{upt} 时，d_j/D 对喷口下游以 D 为基准的无因次射流轴线轨迹 y/D 影响很小，y/D 仅与 θ_0 值的正负有关。

混合器长径比 L/D 的影响：L 为外流体进入混合器到检测面之间的距离，D 为混合器直管段直径，在相同的实验条件下，随着 L/D 的增加，即混合时间增加，有利于提高混合质量，但在快速反应的预混合体系中，增加混合时间对反应是不利的。

另外，对流体混合效果影响的因素还有流体的密度、黏度等。

3.1.4.3　错流射流的开发应用及展望

错流射流具有显著强化流体热质传递和微观混合的特性，因而在快速混合过程中具有较高的开发价值，在化工生产过程中应用十分普遍，开发了多种形式的以错流射流进行流体混合的混合器。然而，由于对错流射流混合过程的认识尚不是很透彻，数学模型建立和求解也十分复杂，现在有关射流混合的研究内容主要涉及射流的结构和流动行为、卷吸率及能量耗散等。有文献报道了一些简单的经验模型，但可为工程设计利用的数据并不多。随着对射流混合认识的不断深入，以及计算流体力学（CFD）的进一步发展，新的流体力学计算软件的应用，错流射流将更广泛地应用到流体混合过程中。

3.2 燃烧化学反应动力学基础

化学反应是燃烧现象的基本过程，化学反应动力学是研究化学反应机理及化学反应速率的一门科学，燃烧是一种剧烈的化学反应。化学反应速率控制燃烧速率和决定污染物的形成与分解，点火及熄火过程与化学过程密切相关。因此化学动力学在燃烧理论中占有重要的地位。

化学动力学不仅涵盖了不同试验条件如何影响化学反应速度，得出关于反应机理和转化状态信息的调研，还包括描述化学反应特征的数学模型的建立。

化学动力学可以通过试验的方法进行研究。动力学测量方法对实验人员来说是一种相当的挑战。首先，反应发生在一个相当大的不同时间尺度中，几乎涵盖了从地质时代到亚纳秒级的时间。我们需要全面多样的方法用于测量跨度如此之大的这段时期。其次，许多反应涉及复杂的混合物，而有些反应物之间浓度差别非常大；我们希望能够分别测出各组分的浓度。我们需要在完成这些测量的同时不干扰这些混合物的反应——指的是测量浓度的物理方法应用是非干预性的。最后一点，最好能够自动读取浓度测量结果。我们可以实现的最基础的测量是得出浓度关于时间的表达式。一些简单的速率表达式可以手算出来，但是大多数仅能通过计算机程序进行数值计算。有许多计算机算法可用于解决这类问题。

1864 年，PeterWaage 和 CatoGuldberg 提出质量作用定理，从而开创了化学动力学的发展。质量作用定理阐述了化学反应的速度与反应物的数量是成比例的。

化学反应速率指反应物或生成物的浓度或数量的变化速率。对于数量的变化，单位可以是 mol/s、g/s、lb/s、kg/day 等其中的一种；对于浓度的变化，单位可以是 mol/(L·s)、g/(L·s)、%/s 等其中的一种。

对于反应速率，我们要根据试验条件处理平均速率、瞬时速率或者初始速率。

热力学和动力学是影响反应速率的两大因素。对于化学反应中能量的获取或释放的研究称为热力学，这些关于能量的数据称为热力学数据。但是，热力学数据和反应速率并没有直接的关系，因此动力学因素可能更加重要。比如，在室温条件下（一个比较宽的温度范围），热力学数据表明钻石应当转化为石墨，但是事实上，转化速率实在是太缓慢了，以至于大多数人认为钻石恒久远。

3.2.1 质量作用定律

化学反应速率与各反应物质的温度、浓度、压力和物理化学性质等有关。质量作用定律说明了在一定温度下化学反应速率与物质浓度的关系。

对一个特定的反应燃烧过程，若有以下化学反应式：

$$a\text{A}+b\text{B} \longrightarrow c\text{C}+d\text{D} \tag{3-21}$$

式中，A、B、C、D 表示参与反应的物质；a、b、c、d 表示参与反应的各物质的反应量，称为化学计量数。则质量作用定律可表示为

$$w = k \cdot c_A^a \cdot c_B^b \qquad\qquad (3-22)$$

式中，k 为反应速率常数，它与反应物质的浓度无关。

对于一步完成的简单反应与所有的基元反应，反应速率表达式中的反应物浓度指数之和称为该反应的反应级数。如果化学反应速率与反应物浓度的一次方成正比，该反应就是一级反应；如果化学反应速率与反应物浓度的二次方成正比，或者与两种物质浓度的一次方的乘积成正比，该反应就是二级反应……依此类推。

反应级数定量地表示了反应物浓度变化对化学反应速率的影响程度，被用来进行燃烧过程的化学动力学分析。

3.2.2　影响反应速率的因素

许多因素影响化学反应速率，列举如下。

（1）温度影响

温度通常对一个化学反应速率产生主要影响。处于高温状态下的分子有更多的热力学能量。尽管在高温状态下碰撞频率更大，然而这对提升反应速率的贡献仅占非常小的比重。更为重要的事实是：带有充足能量参与反应（能量大于活化能）的反应物分子的比例有了显著提升。

温度是影响化学反应速度的重要因素之一，它主要影响反应速率常数 k 值。

① 范特荷夫（Van't hoff）规则

反应温度每升高 10℃，反应速率大约增加 2~4 倍。这是一个近似的经验规则，不是一个定律，它只能决定各种化学反应中大部分反应的速度随温度变化的数量级。可以粗略的估计化学反应速度。

② 阿伦尼乌斯（Arrhenius）定律

1889 年，在范特荷夫（Van't hoff）的基础上，瑞典科学家阿伦尼乌斯（Arrhenius）通过大量实验与理论研究，总结出一个温度对反应速率的经验关联式，该式称为阿伦尼乌斯定律。

众所周知，提高温度能够提高反应速率，反应进程的速率和温度这两者的定量关系由 Arrhenius 定律确定。

Arrhenius 定律基于碰撞理论，如图 3-6 所示。碰撞理论认为粒子必须相互发生碰撞，并且都具有正确的方向和充足的动能，反应物才能转化为产物。

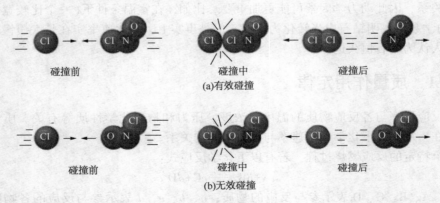

图 3-6　碰撞理论

Arrhenius 定律描述如下：

$$\frac{d(\ln k)}{dT} = \frac{E}{RT^2} \tag{3-23}$$

式中，k 是反应速率常数，与温度无关，由实验确定；E 是活化能（J·mol⁻¹），由实验确定；R 是通用气体常数（8.314J·mol⁻¹·K⁻¹）；T 是绝对温度（K）。

$$k = k_0 e^{(-E_a/RT)}$$

$$\ln k = -\frac{E}{RT^2} + \ln k_0 \tag{3-24}$$

也可以写为

$$k = k_0 e^{-\frac{E}{RT}} \tag{3-25}$$

从图 3-7 可以看出，速率常数 k 的对数和温度 T 的倒数成直线关系。

根据阿伦尼乌斯公式，活化能 E 的大小既反映化学反应进行的难易程度（活化能越小，越容易），同时也反映了温度对反应速率常数的影响的大小。E 值较大时，温度升高，k 值的增大就很显著；反之，就不显著。一般化学反应的活化能为 42～420kJ/mol。

（2）浓度影响

浓度在反应中扮演着非常重要的角色，因为根据化学反应碰撞理论，分子间必须通过碰撞从而发生反应。当反应物浓度升高时，分子间碰撞频率增大，在

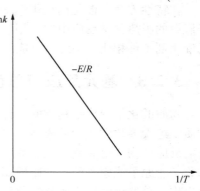

图 3-7　$\ln k$ 与 $1/T$ 关系图

任何时间节点能够进行更近距离的接触，相互发生更高频率的撞击。想象两种反应物处于同一封闭容器中：内部所有的分子连续不断地碰撞。通过提高一种或多种反应物的数量，这些碰撞会发生地更为频繁，从而提升反应速率。浓度对反应速度的影响可用质量作用定律来表示，即反应在等温条件下进行，反应速度是反应物浓度的函数。

物质的量的浓度简称浓度，可表示为

$$c_i = \frac{n_i}{V} \tag{3-26}$$

式中　c_i——i 组分的物质的量的浓度，mol/m³；

　　n_i——i 组分的物质的量，mol；

　　V——混合物的体积，m³。

在理想气体的混合气体中，各组分气体满足克拉帕龙方程

$$p_i V = n_i RT \tag{3-27}$$

式中　R——摩尔气体常数，$R = 8.314$J/（mol·K）。

由式（3-27）可得物质的量的浓度为

$$\frac{n_i}{V} = \frac{p_i}{RT}$$

（3）压力影响

在一个气相反应中提高压强会提高反应物之间的碰撞次数，从而提高反应速率。这是由于气体的活动和气体的组分压力直接成比例关系。这和在溶液中提高浓度能增加反应速

率是一个道理。

（4）物理状态

反应物的物理状态（固态、液态或气态）对于速率的改变也是一个重要的影响因素。当反应物处于相同相态时，热运动使他们之间产生联系。但是，当它们处于不同相态时，反应会仅仅局限在两个反应物的表面，发生在它们的接触区域。

（5）催化剂

催化剂是一种加速化学反应速率且同时能够保持化学稳定性的物质。催化剂通过提供一种不同的低活化能反应机理来加速反应速率。自催化反应中，反应产物本身对该反应是一种形成正反馈的催化剂。催化剂不影响化学平衡的状态，因为催化剂同等地加速正向反应和逆向反应进程。

在特性方面，催化剂在化学反应中起重要作用。常用的势能图显示了催化剂在一个基于假设的吸热化学反应中的作用。催化剂的存在开辟了一条不同的低活化能反应之路。与无催化剂条件相比，最终的反应结果和总的热力学参数是一样的。

3.2.3　基元反应与总包反应

物质的化学变化是物质的一种质的变化，一些物质经化学反应变化变成另一些不同的物质。绝大多数的化学反应并非一步完成，而需要经过若干相继的中间反应，才能生成最终的反应产物。组成复杂反应的各个反应被称为基元反应，也称简单反应。它们是由反应物分子、原子或原子团直接碰撞而发生的化学反应，表明了化学反应的实际历程。总包反应也称为总的化学反应或整体化学反应，是一系列若干基元反应的物质平衡结果，并不代表实际的反应历程。

例如 H_2 与 O_2 的反应：

氢与氧的反应是最典型的，研究最多的并理解最深入的是分支链式反应。氢燃烧的总和化学反应方程式为

$$2H_2+O_2 \longrightarrow 2H_2O$$

假如该反应的实际进程与反应方程式一致，则应该是三个分子之间的碰撞反应，但三个分子同时碰撞的概率极小，几乎为零，因此，其反应速率理应很低，但事实上，在某些条件下，氢与氧反应速率极高，会发生爆炸。目前的研究结果一致认为，其反应过程是按分支链式反应形式进行的，需要 20 余个基元反应描述其反应机理。

（1）活化中心氢原子的产生——链的产生

$$H_2+M \longrightarrow H+H+M$$

高能量分子 M 与 H_2 碰撞使 H_2 断键分解成 H 原子，成为最初的活化中心 H。也有观点认为，由于热力活化等作用发生以下反应，同样产生了活化中心 H。H 原子形成了链式反应的起源。

$$H_2+O_2 \longrightarrow HO_2+H$$

（2）链式反应的基本环节——链的传播

H 原子与 O_2 反应，即

$$H+O_2 \longrightarrow OH+O \tag{3-28a}$$

该反应是吸热反应，热效应 $Q=71.21 kJ/mol$，所需活化能为 $75.4 kJ/mol$，所产生的 O 原子与 H_2 发生反应，即

$$O+H_2 \longrightarrow OH+H \tag{3-28b}$$

该反应是放热反应，热效应 $Q = 2.1kJ/mol$，所需要的活化能为 $25.1kJ/mol$。式（3-28a）和式（3-28b）所产生的两个 OH 基与 H_2 发生反应，形成最终的产物 H_2O，即

所产生的两个 OH 基与 H_2 发生反应，形成最终产物 H_2O，即

$$OH+H_2 \longrightarrow H_2O+H \tag{3-28c}$$

$$OH+H_2 \longrightarrow H_2O+H \tag{3-28d}$$

式（3-28c）和式（3-28d）均为放热反应，热效应 $Q = 50.2kJ/mol$，所需要的活化能为 $41.9kJ/mol$。将上述四个反应相加

$$H+O_2 \longrightarrow OH+O$$
$$2OH+H_2 \longrightarrow 2H_2O+2H$$
$$+O+H_2 \longrightarrow OH+H$$
$$\overline{H+3H_2+O_2 \longrightarrow 2H_2O+3H}$$

可知，这里 1 个氢原子产生了 3 个氢原子，3 个将产生 9 个……从而反应速度越来越快。

（3）链的终止

$$器壁断链 \begin{cases} H+器壁 \to \dfrac{1}{2}H_2 \\ OH+器壁 \to \dfrac{1}{2}(H_2O_2) \\ O+器壁 \to \dfrac{1}{2}(O_2) \end{cases}$$

$$空间断链 \begin{cases} O+H_2+M \to H_2O+M^* \\ O+O_2+M \to O_3+M^* \\ H+O_2+M \to HO_2+M^* \end{cases}$$

在分支链式反应中，因为随着活性中心浓度的不断增加，碰撞的概率也会越来越大，形成稳定分子的机会也越来越大，或活性中心也会由于在空中互相碰撞使其能量被夺走，或碰撞器壁而销毁，因此活性中心的数目不能无限制的增加，销毁速度大于繁殖速度，造成链终止。

综合以上反应（3-28a）所需的活化能最大，因此反应最慢，限制整体的反应速率，反应速度将取决于反应式（3-28a），即

$$W = KC_H \cdot C_{O_2}$$

$$W = 10^{-11}\sqrt{T}\exp\left(-\frac{7.54\times10^{-4}}{RT}\right) \cdot C_H \cdot C_{O_2}$$

由该式可见，温度对燃烧反应速度的影响是极为显著的。

3.3 着火过程

着火过程是燃料和助燃剂混合后，由无化学反应、缓慢的化学反应向稳定的强烈放热状态的过渡过程，最终在空间中某个部分瞬间出现火焰的现象，这种现象称为着火。着火过程是化学反应速率出现跃变的临界过程，即化学反应从低速在短时间内加速到极高速的状态。常规的着火过程，在着火孕育期完成之后，则转向持续、稳定的燃烧过程。

影响着火的有两类实质性的因素：化学反应动力学和传热学，如燃料的性质、燃料与氧化剂的当量比、环境的压力与温度、气流的速度、燃烧室的尺寸和保温情况等等。

着火可以分为热着火和链式着火（又称链锁着火）两类。

（1）热着火。可燃混合物由于本身氧化反应放热大于散热，或由于外部热源加热，温度不断升高导致化学反应不断自动加速，积累更多能量最终导致着火的现象称为热着火。可以看出，根据热着火中热量的来源，又可以把热着火分为热自燃（自燃）和强迫点燃（点燃）两类。其中，热自燃的着火热量完全来自系统自身的热量积累，而强迫点燃的热量来源于系统之外供给的热量。柴油机燃烧室中燃料喷雾着火、烟煤因长期堆积通风不好而着火，都是热自燃的实例。强迫点燃是由于外界能量的加入，例如用电火花等点热源，在可燃混合物中局部地方点火，先造成局部燃烧，然后使可燃混合物的反应速度急剧升高而引起的着火过程。航天工业中运载火箭的点火、汽油机燃烧室中火花塞点火、煤气灶的点火属于强迫点燃，大多数燃料着火属于热着火。

（2）链式着火。由于某种原因，可燃混合物中存在活化中心，活化中心产生速率大于销毁速率时，在分支链式反应的作用下，导致化学反应不断加速，最终实现着火的现象称为链式着火。金属钠在空气中的着火属于链式着火，某些低压下着火实验和低温下的"冷焰"现象符合链式着火的特征。氢气和氧气的化合反应，满足分支链锁反应的条件，只要反应一开始，它就会着火。如果满足一定的浓度条件，还会发生爆炸。

3.3.1　燃烧室中的着火条件

燃烧室内的着火过程与密闭空间中的着火过程不同。燃烧室虽有一定的空间，但是因为连续不断地供应燃料和氧化剂，在空间中反应物质的浓度是不随时间变化的。燃烧室内的气体是流动的，各组分在燃烧室内都有一定的逗留时间。由于混合过程和化学反应也需要一定时间，因而燃料在燃烧室内可能完全燃烧，也可能不完全燃烧。实际上燃烧室内的工作条件是复杂的。

为便于理论研究，下面将假定一个简化物理模型。简化模型是假定燃烧室为绝热的。着火过程和燃烧过程均为绝热过程。此外，假定燃烧室内的温度、浓度、压力（常压）等参数的平均值与出口参数是相同的，即设为零维模型。

该模型为一个密闭的容器，容积为 V，容器内充满可燃的混合物，容器内各点的温度和浓度均匀，并不随反应进行时间而变。

热自燃理论由范特霍夫首先提出，他认为当反应系统与周围环境的热平衡被破坏时，就会发生着火。莱·查特莱进一步提出，当放热曲线和散热曲线相切时就会着火。最后，完整的热力着火数学描述由谢苗诺夫提出，形成了谢苗诺夫热自燃理论。

设 q 为单位燃料燃烧放热量，V 为容器容积，W 为反应速度，则反应生成热的速度（单位时间内反应放热的热量）为

$$\dot{Q}_g = q \cdot W \cdot V \tag{3-29}$$

由式（3-25）可得反应速度

$$\dot{Q}_g = q \cdot V \cdot k_0 \cdot c^n \cdot \exp\left(-\frac{E}{RT}\right) \tag{3-30}$$

式中，c 为反应物质的量的浓度，反应时温度为 T，q、V、k_0 均为定值。此外，在开始燃烧之前，即在着火过程之中，假设反应物质的浓度是不变的，即 c 相当于初始浓度。那么可将式（3-29）写为

$$\dot{Q}_g = A \cdot \exp\left(-\frac{E}{RT}\right) \tag{3-31}$$

式中，A 为常数。

另一方面，由于化学反应的结果，容器内的温度升高到 T，此时将由系统向外散热。F 为容器表面积，由于气体对外界的总散热系数为 α，器壁的温度为 T_0，则散热速度（单位时间内由体系向外散出的热量）为

$$\dot{Q}_t = \alpha \cdot F \cdot (T - T_0) \tag{3-32}$$

假设 α 与温度无关，而 F 为定值，那么式（3-32）也可以写为

$$\dot{Q}_t = B \cdot (T - T_0) \tag{3-33}$$

式中，B 为常数。

可将式（3-31）和式（3-33）画在 $\dot{Q}$-T 坐标上，将 $\dot{Q}_g$ 的曲线称为发热曲线，$\dot{Q}_t$ 的曲线称为散热曲线。

图 3-8 表示 $\dot{Q}_g$ 和 $\dot{Q}_t$ 在低温区有一个交点 1 的状态。点 1 之前（温度低于点 1 处的温度），$\dot{Q}_g > \dot{Q}_t$ 说明反应所发出的热量多于系统向外散失的热量。这时，系统便被加热，温度逐渐升高。到达点 1 时，热量达到平衡状态，过程即稳定下来，保持点 1 的温度。即使因某种外力使过程超过点 1，则因 $\dot{Q}_g < \dot{Q}_t$，即散出热量大于发出热量，系统受到冷却将重新回到点 1。点 1 是低温区的稳定点。在这种情况下，自燃着火是不可能发生的。

倘若改变散热条件，例如改变容器表面积，即可得到不同斜率的散热曲线，如图 3-9 所示。$\dot{Q}_{t3}$ 是散热最弱的情况，$\dot{Q}_g$ 总是大于 $\dot{Q}_{t3}$。这时反应便自动加速，直到发生自燃。$\dot{Q}_{t1}$ 是散热最强的情况，与图 3-8 相同，不会发生自燃。$\dot{Q}_{t2}$ 介于 $\dot{Q}_{t1}$ 与 $\dot{Q}_{t3}$ 之间，存在 $\dot{Q}_g$ 与 $\dot{Q}_{t2}$ 有一个切点 2。在切点 2 之前，系统不断升温，达到切点 2 时，$\dot{Q}_g = \dot{Q}_{t2}$。但是，该点是不稳定的，稍过点 2，反应便加速进行而引起自燃着火。切点 2 为着火点温度 T_c。

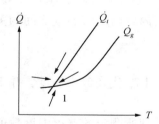
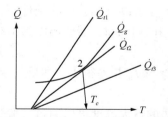

图 3-8　发热散热曲线关系图　　图 3-9　改变散热条件的发热散热曲线关系图

如果改变器壁的初始温度 T_0，则可以得到一组平行的散热曲线，如图 3-10 所示。点 3 为高温不稳定点，因为当过程稍向右移动时，$\dot{Q}_g > \dot{Q}_t$，系统即可以自燃；当过程稍向左移动时，$\dot{Q}_g < \dot{Q}_t$，系统便会被冷却而降到低温稳定点 1。

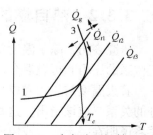

图 3-10　改变壁面初始温度的发热散热曲线关系图

综上所述，发生自燃着火的临界条件（最低条件）是 $\dot{Q}_g$ 与 $\dot{Q}_{t2}$ 有一个切点。与切点 2 相应的温度，便称为着火温度，或着火点。

着火温度表示可燃混合物系统化学反应可以自动加速而达到自燃着火的最低温度。对某一可燃混合物来说，着火温度随

具体的热力条件不同而不同。

着火温度的数学表示方法如下。

在切点 2 处相应的温度为着火温度 T_c，则具有的条件为

$$\dot{Q}_g = \dot{Q}_t \tag{3-34}$$

$$\frac{dQ_g}{dT} = \frac{dQ_t}{dT} \tag{3-35}$$

将式(3-31)和式(3-33)分别代入式(3-34)和式(3-35)，可得

$$A \cdot \exp\left(-\frac{E}{RT}\right) = B \cdot (T - T_0) \tag{3-36}$$

$$\frac{E}{RT^2} \cdot A \cdot \exp\left(-\frac{E}{RT}\right) = B \tag{3-37}$$

用式(3-37)除以式(3-36)，得

$$(T_c - T_0) = \frac{RT_c^2}{E} \tag{3-38}$$

$$T_c = \frac{E}{2R} \pm \sqrt{\frac{E^2}{4R^2} - \frac{T_0 E}{R}} \tag{3-39}$$

由式(3-39)得到的两个值中，取"+"时是一个实际达不到的温度，故应取"−"。将根号展开为级数，得

$$T_c = \frac{E}{2R} - \frac{E}{2R}\left(1 - \frac{2RT_0}{E} - \frac{2T_0^2 R^2}{E^2} - \frac{4T_0^3 R^3}{E^3} - \cdots\right) \tag{3-40}$$

实际上，一般 $E \gg T_0$。故可忽略 3 次方以后各项，由此得着火温度

$$T_c = T_0 + \frac{RT_0^2}{E} \tag{3-41}$$

该式表示在可以自燃着火的条件下，气体的着火温度与器壁温度之间的关系。一般情况下，若 $E = 167\text{kJ/mol}$，器壁温度为 1000K 时

$$T_c - T_0 \approx 50\text{℃} \tag{3-42}$$

可知，T_c 与 T_0 相差很小。如果要求不高，可以用 T_0 代表着火温度，并不会引起很大误差。

各种物质的着火温度可以通过实验进行测定，并把所测定的着火温度数值作为可燃物质的燃烧性能的参数指标。

3.3.2 热自燃的浓度界限与区间

研究表明，除了温度条件外，着火是在一定的压力和成分条件下才能实现，浓度决定于体系的压力和可燃混合物的成分，热自燃的实现与可燃物的浓度有关，如图 3-11 所示。

着火温度与压力和成分之间的关系如图 3-12 所示，可以表示在着火条件下，压力与成分的关系。应该指出，这些曲线都是按燃烧反应服从阿伦尼乌斯定律而给出的规律。这些关系说明在一定压力或温度下，并非所有可燃预混气成分(浓度)都能着火，而是存在一定的浓度范围，超出这一范围，混合气便不能着火。这个浓度范围便称为着火浓度界限。能实现着火的最大浓度，称为浓度上限；能实现着火的最小浓度，称为浓度下限。当压力或

温度下降时，着火浓度范围缩小；当压力或温度下降超过某一点时，任何浓度成分的混合气将不能着火。不难理解，强制点火过程也存在着点火浓度界限，超过了这个界限便不能实现点火。考虑到工业炉燃烧过程中多为点火过程，着火浓度界限和点火浓度界限是相近的。

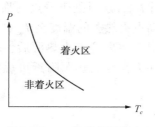

图 3-11　一定成分下着火
温度与压力的关系

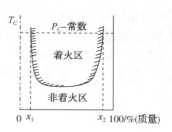

图 3-12　一定压力下着火
温度与成分的关系

浓度界限还与惰性气体的含量有关。加入任何惰性气体，都会使浓度界限变窄，特别是上限降低。燃料在氧气中燃烧的着火浓度范围则比较大，特别是浓度上限，比在空气中燃烧时大得多。浓度界限还与可燃预混合物的初始温度有关。如图 3-13 所示，H_2、CO、CH_4 与空气的可燃混合物，如果初始温度不是常温，而是预热至高温，则浓度界限将会变宽，特别是上限有明显的增加。这就是说，预热至高温的可燃混合物就浓度而言是易于点火的。

以上结论是建立在对过程进行了简化和有假定条件的基础上的，关于着火浓度界限的讨

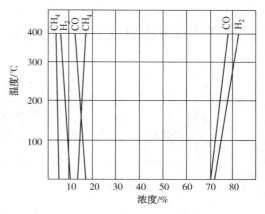

图 3-13　初始温度对浓度界限的影响

论，其中主要是假定化学反应(燃烧反应)为简单反应，并忽略着火过程中反应物浓度的变化。但实验表明，在此基础上进行的讨论和形成的理论在相当范围内可以说明可燃预混气自燃着火过程的机理。例如一些碳氢化合物与空气混合物的着火界限的实验结果，在一定压力与温度范围内与上述理论基本一致。上述关于着火过程的理论被称为热自燃理论。

3.3.3　强迫点燃理论

为了加速和稳定着火，往往由外界对局部的可燃混合物进行加热，并使之着火。强迫点燃的方式有电火花点燃、火焰点燃和炽热物体点燃。电火花点燃是电火花向电极及周围气体的传热以及爆震和激波的产生。电火花点火过程是一个非常复杂的物理过程，涉及燃料和空气在电极间的混合。电火花点火过程通常可以分为 3 个阶段：高压电源击穿空气，形成等离子通道并产生激波的阶段；等离子通道形成后电流通过等离子通道形成电弧，圆柱形等离子通道进一步膨胀为球形核，等离子通道内发生化学反应阶段；火焰核的膨胀过程，发展为自由传播的火焰阶段。

设有一个点火热源，放在充满可燃物的容器中，强迫着火的点火过程如图 3-14 所示，实线表示点火物体周围为惰性气体，按照传热规律气体中温度分布的情况(当作对照曲线)，

虚线表示点火物体周围充满可燃物时，可燃物中温度分布的情况，它应该是在实线的基础上加上可燃化学反应的热效应。如图 3-14(a)所示，当炽热物体的温度为 T_{w1} 时，由虚线的温度分布可知，越远离点火热源，温度越低，因此可燃物只能处于低温氧化状态而不能着火。在图 3-14(b)中，把点火热源温度增加到 T_{w2} 时，点火热源附近的可燃物进行剧烈的化学反应，放出的热量向周围扩散，使温度水平提高到 T_{w2}，这时处于着火的临界状态，温度 T_{w2} 一般称为临界点火温度。在图 3-14(c)中，再提高点火热源的温度至 T_{w3}，点火热源周围可燃物的放热量大于散热量，这时出现了点燃的情况，在离开点火热源后，可燃物因着火使温度不断提高。综上所述，要实现着火的临界条件为在点火热源附近可燃物的温度梯度等于零，即

$$\left.\frac{\partial T}{\partial x}\right|_{x=0} = 0$$

点燃后的温度梯度大于零，即

$$\left.\frac{\partial T}{\partial x}\right|_{x=0} > 0$$

但试验发现测定的临界点燃温度 T_{dh} 往往高于自燃理论求得的温度 T_{w2}。

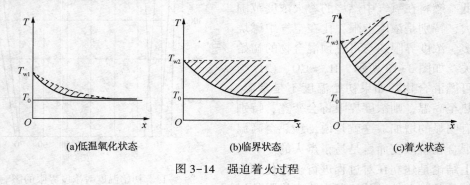

|(a)低温氧化状态|(b)临界状态|(c)着火状态|

图 3-14　强迫着火过程

3.4　火焰结构

在实际燃烧装置中，由于可燃混合气的火焰具有传播的特性，总是局部区域开始着火，然后火焰传播到周围的其他空间。因为层流燃烧中包含着燃烧理论的基本问题，主要讨论层流火焰传播过程、传播速度及速度极限问题。另外，由于实际燃烧的过程中，主要是紊流燃烧，因此也要在层流燃烧的基础上讨论紊流火焰和火焰稳定问题。

3.4.1　层流火焰传播理论

3.4.1.1　层流火焰传播速度理论

预混气流的燃烧过程就是火焰的传播过程。火焰在气流中以一定的速度向前传播，它的大小取决于预混气体的物理化学性质与气流的流动状况。根据气流流动状况，预混气流中的火焰传播可分为层流火焰传播(或称层流燃烧)和紊流火焰传播(或称紊流燃烧)。

讨论火焰传播现象的产生、发展和传播条件以及影响传播速度的因素，将有助于工业

上燃烧过程的强化和控制，并借以建立起关于燃烧过程的正确概念。由于在层流气流中火焰传播的速度是可燃预混气体的基本物理化学特性参数，且与紊流中火焰传播速度密切相关，是了解紊流中火焰传播的基础，也是探求燃烧过程机理的基础，因此有必要讨论在层流中火焰的传播。

3.4.1.2　火焰焰锋结构

设想在一圆管中有一平面形焰锋（实际上火焰在管中传播时焰锋呈抛物线形状），焰锋在管内稳定不动，预混可燃混合气体以 S_L 的速度沿着管子向焰锋流动（见图3-15）。实验指出，火焰前锋是一很窄的区域，其宽度只有几百甚至几十微米，它将已燃气体与未燃气体分隔开，并在这很窄的宽度内（由截面0—0到a—a）完成化学反应、热传导和物质扩散等过程。图3-15中示出了火焰焰锋内反应物的浓度、温度及反应速度的变化情况。由于火焰前锋的宽度和表面曲率很小，可以认为在焰锋内温度和浓度只是坐标 x 的函数。从图中可看出：在前锋宽度内，温度由原来的预混气体的初始温度 T_0 逐渐上升到燃烧温

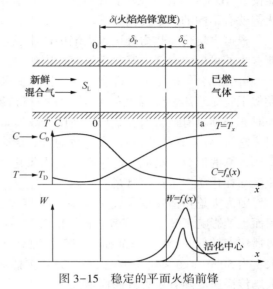

图3-15　稳定的平面火焰前锋

度 T_x，同时反应物的浓度 C 由0—0截面上的接近于 C_0 逐渐减少到a—a截面上接近于零（严格地说，预混气体初始状态 $T=T_0$、$C=C_0$、$W=0$，应相当于 $x \longrightarrow -\infty$ 处截面；而已燃气体的最终状态 $T=T_x$、$C=0$、$W=0$，应相当于 $x \longrightarrow +\infty$ 处截面）。在火焰前锋内，实际上，只有95%~98%燃料发生了反应。火焰前锋的宽度极小，但在此宽度内温度和浓度变化很大，出现极大的温度梯度和浓度梯度，因而火焰中有强烈的热流和扩散流。热流从高温火焰流向低温混合气，而扩散流则从高浓度流向低浓度，如新鲜混合气的分子由0—0截面向a—a截面方向扩散；反之，燃烧产物分子，如已燃气体中的游离基和活化中心（如 OH、H 等）则向新鲜混合气方向扩散。因此在火焰中分子的迁移不仅有质量流（气体有方向的流动）的作用，还有扩散的作用。这样就使火焰前锋整个宽度内产生了燃烧产物与新鲜混合气的强烈混合。

从图3-15中还可以看到化学反应速度的变化情况。在初始较大宽度 δ_P 内，化学反应速度很小，一般可不考虑，其中温度和浓度的变化主要由于导热和扩散，所以这部分焰锋宽度统称为预热区，新鲜混合气在此得到加热。此后，化学反应速度随着温度的升高按指数函数规律急剧地增大，同时发出光和热，温度很快地升高到燃烧温度 T_x。在温度升高的同时，反应物浓度不断减少，因此化学反应速度达到最大值时的温度要比燃烧温度 T_x 略低，但接近燃烧温度。由此可见，火焰中化学反应总是在接近于燃烧温度的高温下进行的（这是火焰传播速度热力理论的基础）。化学反应速度愈快，火焰传播速度愈大，气体在火焰前锋内停留时间就愈短。但这短促的时间对于在高温作用下的化学反应来说是足够了。绝大部分可燃混合气（约95%~98%）是在接近燃烧温度的高温下发生反应的，因而火焰传播速度也就对应于这个温度。这些变化都是发生在焰锋宽度下的极为狭窄的区域 δ_c 内，在这区域内反应速度、温度和活化中心的浓度都达到了最大值。这一区域一般称为反应区或燃烧区或火焰前锋的化学宽度。

3.4.1.3 层流火焰传播速度与预混气体物理化学参数的关系

化学反应速度对火焰传播速度的影响是易于理解的，因为燃烧过程本身就是一个化学反应过程。化学反应速度愈大，火焰传播愈快。故凡能使化学反应速度增大的各种因素都能使 S_L 值增大。化学反应速度的大小与可燃混合气的本身化学性质有关，不同的燃料和氧化剂就有不同的火焰传播速度。

根据火焰传播热力理论，火焰中化学反应是分子热活化的结果，所以凡是反应的活化能愈小的可燃混合气，其化学反应速度愈快，因而 S_L 就愈大。

可燃混合气的组成，即燃料以不同比例和氧化剂（空气）混合，对火焰传播速度的影响类似于它对绝热燃烧温度的关系。在一般情况下，具有最大绝对燃烧温度的混合气组成，同时亦必须具有最大的火焰传播速度。故通常认为混合气组成之所以会影响 S_L 值，主要是因为它对燃烧温度的影响。大多数的可燃混合气其最大火焰传播速度均对应于其按化学当量比计算的混合气组成，但以空气作为氧化剂的可燃混合气就不同，它们的最大火焰传播速度却在化学当量比略富裕的一侧。

因为火焰传播速度与化学反应速度有关，而压力的改变会影响化学反应速度的大小，因而也就影响了 S_L 值。著名学者刘易斯（Lewis）根据实验结果分析，得出如下结论：当火焰传播速度较低时，即 $S_L < 50\text{cm/s}$（相应的总反应级数 $v < 2$），随着压力下降，火焰传播速度增大；当 $50\text{cm/s} < S_L < 100\text{cm/s}$ 时（$v = 2$），传播速度与压力无关；而当 $S_L > 100\text{cm/s}$ 时（$v > 2$），火焰传播速度随着压力升高而增大。

3.4.1.4 层流火焰传播界限

所谓火焰传播界限，实际上是可燃混合气进行燃烧的条件。

任何可燃混合气燃料不是过少的情况下，只要有足够强烈的点火源都可以使它着火。但着火以后能不能维持燃烧，即维持火焰在其中传播，则不一定。因为可燃混合气中火焰传播的能力是与可燃混合气的组成及与周围介质的换热条件有关。

由实验可知，可燃混合气的燃烧并不是在混合气的所有组成下都能进行的。对于某种可燃混合气，在某给定的初始温度和压力下存在着一定的传播浓度界限。在此界限以外，即使以强烈的热源使可燃混合气着火，也不能使火焰在其中传播，而将是熄灭。

因燃料过贫或过富，火焰传播速度会急剧下降，以至不能维持火焰在可燃混合气中传播，这种现象称为淬熄。淬熄时的临界条件就是火焰的传播界限。

以前曾认为火焰传播界限就是 $S_L \approx 0$ 时的参数，但从进一步实验发现，当 S_L 未接近零时就已发生淬熄现象。这是因为燃烧区对外散热（通过导热或热辐射）的缘故。可燃混合气因燃料过贫或其他原因降低了燃烧温度，导致了化学反应速度变慢，使得 S_L 减小，但这时散热损失却相对地增大，因而使燃烧温度更加下降，最后到达某一数值后火焰就不能再继续传播。实验表明，各种燃料相应于火焰不能传播时的最小极限火焰传播速度为 $0.02 \sim 0.10\text{m/s}$。

可燃混合气中因燃料过贫而使火焰传播达到临界状态的组成，称为火焰传播的浓度下限 $\alpha_L(\alpha_L > 1)$；反之，因燃料过富而致火焰不能传播的组成称为浓度上限（$\alpha_H < 1$）。在浓度上下限之间，可燃混合气的任一组成都能保证火焰的传播。在传播界限外，可燃混合气并非不可能燃烧，而只是不能以层流火焰传播的形式来进行，例如可用绝热压缩的方法使极稀薄的燃料/空气混合气发生燃烧。

3.4.2 紊流火焰传播理论

紊流火焰传播又叫湍流燃烧，它是根据气流流动情况，预混气中火焰传播的一种方式。火焰传播分为层流火焰传播(层流燃烧)和紊流火焰传播(紊流燃烧)。

火焰在均匀紊流中传播的基本原理与在层流中一样，都是依靠已燃气体和未燃气体之间热量和质量交换所形成的化学反应区在空间的移动，不过此时气流的紊流特性对燃烧过程起着很大的影响。实验指出，在紊流中火焰传播速度较之在层流中要大好多倍。

紊流火焰与层流火焰在外观上也有很大区别。层流火焰，如本生灯火焰，它有很薄一层光滑整齐而外形清晰的火焰焰锋锥面；但紊流火焰发光区较厚，火焰的轮廓比较模糊，有时肉眼可观察到火焰面在抖动，火焰长度也显著地缩短，同时还伴有一定的噪声。因紊流火焰反应区远较层流火焰为厚，不能再近似地看作几何面，所以在讨论紊流火焰传播时，把在紊流火焰中开始发生燃烧反应的几何面(它是把未燃气体和正在燃烧的气体区分开的几何面)称为紊流火焰前锋面(见图3-16)。剧烈发光反应部分称为燃烧区，此后虽无剧烈反应但仍有少量的可燃物在高温下继续反应，这部分称为燃尽区。所以，紊流火焰前锋面不像层流火焰前锋面所定义那样包括反应区和预热区在内的一薄层火焰，而只是区分未燃和已燃状态的一个几何面。因此，紊流火焰传播速度就是指开始发生燃烧反应的几何面——紊流火焰前锋在其表面法线上相对于新鲜混合气运动的速度。

实验指出，在紊流中火焰传播速度要比在层流中大得多，而且它不仅取决于可燃混合气的性质和组成，在很大的程度上，它还强烈地受到气流的紊流程度的影响。图3-17为气流的雷诺数对紊流火焰传播速度影响的实验结果。从图中可看出，随着雷诺数(或脉动分速或紊流强度)的增大，紊流火焰传播速度显著地增大。此外，随着燃烧器管径增大，紊流火焰传播速度也增大，这是因为紊流度随着燃烧器管径增大而增大的缘故。

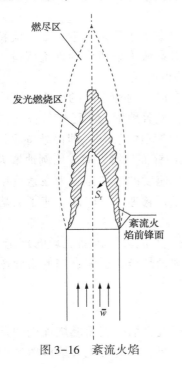

图3-16 紊流火焰

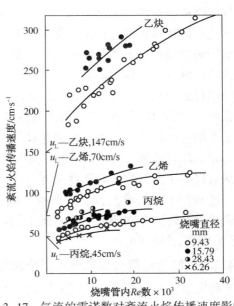

图3-17 气流的雷诺数对紊流火焰传播速度影响

3.4.2.1 紊流火焰传播速度理论

层流火焰的火焰前锋是光滑的，焰锋厚度很薄，火焰传播速度很小。但是当流速较高，混气成为紊流时，它的火焰有以下明显的特点：火焰长度缩短、焰锋变宽并有明显的噪声、焰锋不再是光滑的表面而是抖动的粗糙表面。这可以从本生灯火焰看出，如图3-18所示。工业燃烧装置中，燃烧总是发生在紊流流动中，因此紊流火焰是经常遇到的。层流火焰传播速度由混合气的物理化学参数决定。而紊流火焰传播速度则不仅与混合气的物理化学参数有关，还与紊流的流动特性有关。

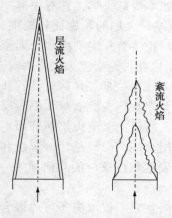

图3-18 层流火焰与紊流火焰

在紊流火焰里，混气的燃烧速率明显增加，这是由下述一个或几个因素共同起作用造成的。

（1）紊流流动使火焰变形，火焰表面积增加，因而增大了反应区。

（2）紊流加速了热量和活性中间产物的传输，使反应速率增加，即燃烧速率增加。

（3）紊流加快了新鲜混气和燃气之间的混合，缩短了混合时间，提高了燃烧速率。

紊流是流体微团的一种极不规则的运动。很像气体分子的热运动，不过它的单位不是分子，而是流体微团，微团的尺寸不是分子量级而是宏观尺寸量级。衡量紊流特性，常用紊流尺度和紊流强度两个指标。紊流尺度表示在紊流中不规则运动的流体微团的平均尺寸。而紊流强度代表流体微团的平均脉动速度与气流速度之比。

在紊流中，由于脉动的影响，火焰焰锋面不像在层流中那样光滑整齐，而是曲皱、闪动，同时在燃烧过程中出现噪声。

精确地确定紊流火焰传播速度是极其困难的，它要取决于很多因素，如气流特性、可燃混合气的性质与组成、测试技术等，并涉及研究者对紊流火焰所作的理论假设。因此目前有关紊流火焰传播机理的理论都带有很多人为的、假设的成分。

目前用来解释紊流火焰传播速度增大的原因主要有以下两种不同的设想。第一种设想认为：紊流的脉动作用使层流火焰前锋面皱折与弯曲，显著地增大了已燃气体与未燃气体相接触的焰锋表面积，这样虽然在单位表面积上所燃烧的气体量不变（即仍维持原先层流火焰传播速度），但单位时间内燃烧的总气体量由于火焰前锋面积增大而成比例地增大，这样就提高了火焰传播的速度。第二种设想认为：紊流燃烧速度的增加是因为在紊流中热量和活化中心紊流转移速率大大地高于层流中同类型的分子迁移速率，因而加速了火焰中化学反应，从而提高了实际的法向燃烧速度。

基于这两种不同的设想，就有两种不同类型的关于紊流火焰传播机理的理论。显然，这两种理论都是建立在推测和猜想基础上的。这两种理论是皱折层流火焰的表面燃烧理论与微扩散的容积燃烧理论。

3.4.2.2 皱折层流火焰的表面燃烧理论

首先研究紊流对火焰传播速度的影响并提出皱折层流火焰的表面燃烧理论的是德国学者达姆柯勒（1940年）和苏联学者谢尔金（1943年）。早期的有关紊流火焰传播的理论与实验工作都基于这一理论，而后有不少学者根据实验结果对这一理论作了不少补充和修正，使之更趋完善。

谢尔金的表面燃烧理论是十分近似的。他在推导方程时做了如下假设：紊流各向同性，同时所有紊流参数都是常数（实际情况不是这样）。为了强调这些假设，谢尔金称这一理论为初级理论。

他认为：紊流火焰传播速度之所以较层流大，主要是由于紊流的脉动作用使平面形层流火焰前锋发生弯曲，皱折变形，增大了燃烧表面积，但层流火焰前锋的基本结构并不改变。如能求得在给定情况下层流火焰焰锋面积的增量，就不难算出紊流火焰传播速度。

3.4.2.3 微扩散的容积燃烧理论

皱折层流火焰的表面燃烧理论自 20 世纪 40 年代由达姆柯勒和谢尔金提出后，经过各国科学家不断补充和修正，虽然已逐渐接近实际情况，但在实验观察中也发现了不少矛盾。表面燃烧理论主要依据的火焰摄影照片（即使是用纹影摄影法拍摄），在揭示皱折层流火焰的结构方面还存在着问题，反之，利用滤色摄影法摄得的照片却表明紊流火焰不是皱折层流火焰模型。表面燃烧模型的紊流火焰焰锋结构如图 3-19（a）所示。在某些情况下（如强紊流情况），燃烧反应不是集中在如层流火焰前锋那样的薄层中，而是散布在较深的区域内，它的厚度常可为层流火焰锋厚度的十倍到一百倍。此外，测量紊流火焰焰锋内的电离度变化与温度分布亦表明在可燃混合气内不存在什么层流火焰焰锋面，深入到紊流火焰内的可燃混合气是以气团状散布在宽阔的燃烧区内进行着不同程度的反应。其他的实验观察如光谱分析法等亦提出类似的情况。因此在 50 年代索莫菲尔德和谢琴柯夫等人提出了另一种对紊流燃烧机理的解释，即所谓微扩散的容积燃烧理论。

容积燃烧理论认为：紊流对燃烧的影响是以微扩散作用为主，由于微扩散进行得极其迅速以致在气团中不可能维持层流火焰面的结构。气团内温度和浓度在空间内分布是均匀的，但不同的气团中浓度和温度不同，因而在整个气团容积内所进行的化学反应程度亦不同。有的达到着火条件就整体一起发生剧烈反应；有的还未达到着火条件，就不断地向周围做脉动扩散而消失，并形成新的组成气团。这种燃烧模型的紊流火焰结构如图 3-19（b）所示。

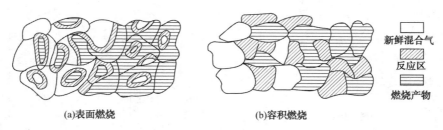

(a)表面燃烧　　　　　　(b)容积燃烧

新鲜混合气
反应区
燃烧产物

图 3-19　紊流火焰焰锋结构的两种模型

这两种理论目前还在发展着，至今还不能肯定哪一种理论在怎样的范围内是比较正确的。因为在实际中，紊流火焰的宽度比层流火焰宽得多，在这比较宽的区域内目前尚无法确认：其中究竟是充满着均匀分布的可燃混合气（容积理论）还是存在着不断变动和不断弯曲的层流火焰前锋（表面理论）。因此现在对紊流火焰传播机理就未能获得明确一致的结论。不过目前研究得较为完整且被广泛应用的是表面燃烧理论。

虽然在实际燃烧装置中，火焰都是在紊流气流中传播的。但是由于在层流气流中火焰传播的速度是可燃预混气体的基本物理化学特性参数，且与紊流中火焰传播速度密切相关，它是了解紊流中火焰传播的基础，也是探求燃烧过程机理的基础，因此，不光要探寻紊流火焰的传播也要清楚并了解层流火焰的传播。

3.4.3 层流预混火焰的结构

3.4.3.1 火焰传播

将可燃混合物通过一个普通的管口流入自由空间，形成一个射流，在射流断面中心线上流速最大。这时，点火后便可形成一个锥形火焰，如图3-20所示。如果可燃混合物的空气消耗系数 $\alpha \geqslant 1$，则只形成一个锥形燃烧前沿。在该前沿的上游区域中为新鲜的可燃混合物；下游区域为燃烧产物。在燃烧前沿面上，大部分燃料被烧掉，燃烧前沿之后还有一个燃尽段，燃料逐渐完全燃烧。如果可燃物 $\alpha < 1$，则会产生一个内锥（它是一个稳定的燃烧前沿），同时还产生一个外锥。在内锥前沿面未燃尽的燃料，靠射流从周围空间吸入空气与之混合，继续燃烧，形成一个明显的外锥火焰。

层流射流中的断面速度分布为中心最大、边界最小，呈抛物线分布。沿流股端面燃烧传播速度，严格来说，因与温度和浓度有关，也不是常数。所以锥形前沿面实际是一个曲面，在该面的某一点上，气流的法线分速度与燃烧正常（法线）传播速度相平衡，如图3-21所示。这样也就保持燃烧前沿面在法线方向上的稳定。

$$u_{\mathrm{L}} = w\cos\varphi \quad (w\ \text{为气流速度}) \tag{3-43}$$

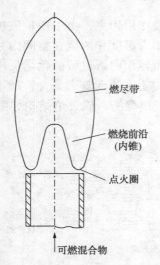

图 3-20　层流预混火焰的形状

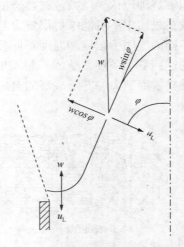

图 3-21　前沿面上的速度平衡

锥形前沿的锥底连在喷口附近，锥底面比喷口断面略大，并会有一小段水平段，关于这现象的机理有几种解释，因气体的压力稍高于大气压，流出后将膨胀面向外散开。边界面处的气流很小，燃烧前沿的传播速度由于受周围的冷却作用也很小。因而在边界处，$u_{\mathrm{L}} = w$，达到直接平衡。

火焰锥角会随空气流量增加，呈现出先增加后减小的变化趋势，说明了在高浓度转变到低浓度的过程中，层流火焰传播速度呈现出先增加后减小的变化趋势。空气流量处于最小值、最大值时，分别呈现出典型的高浓度燃烧与低浓度燃烧的层流火焰锥面。层流火焰的传播是依靠高温燃烧后的产物，再通过热传递从而使相近的混合气体温度升高、着火、燃烧。热传递和化学反应是支配火焰进行传播的两个主要因素。探究层流火焰传播速度的目的是为了了解化学反应动力学特性，层流火焰传播速度就是宏观反应动力学的体现。

3.4.3.2 火焰稳定性

点火后，这一水平段形成一个"点火圈"，火焰才能连接在喷口上稳定燃烧。气流在切线方向的分速度 $\omega\sin\varphi$ 本来要使前沿面上的任一质点沿切线方向移动，如果在锥底不连续点火的话，火焰的切线方向就无法稳定而将熄灭。这个点火圈就起了连续点火的作用，为了连续燃烧，就必须连续点火，这是稳定火焰的一项基本原则。

本生灯出口附近的边界层中区域的气流速度与火焰传播速度得到速度平衡曲线；又通过测定火焰稳定点的实验得到壁面淬熄边界线的拟合表达式，最终得到了火焰稳定点移动规律与吹熄特性预测。

3.4.4 紊流预混火焰的结构

3.4.4.1 火焰传播

紊流燃烧普遍存在于实际燃烧系统中，如往复式内燃机、燃气轮机、航空发动机和火箭发动机等。

当可燃混合物以紊流流动由喷口喷出时，点火后形成的火焰轮廓不像层流那样分明，但也是一个近似锥形的有一定外形的火焰。由于紊流气体质点脉动的结果，紊流燃烧前沿不会像层流前沿那样是一个很薄的平面，而是一层较厚的、其中各质点(新鲜的可燃混合物、正在燃烧的气体和燃烧产物)互相交错存在的气体。因此紊流火焰可以粗略的划分为三个区域：中心部分是未燃的可燃混合物；燃烧带是可见的紊流燃烧前沿，大部分可燃气体在这区域中燃烧；燃尽带是大到完全燃烧的区域。

大尺度紊流时，火焰是跳动的、紊乱的。就瞬时来说，火焰中某一点的成分是变化的，它可能是燃烧产物，也可能是可燃混合物。紊流预混火焰的长度与气流速度、燃烧传播以及喷嘴尺寸有关。把火焰分成三个区域时(见图3-22)，各区域的长度分别为 L_1、L_2、L_3，可以近似的写成

$$L=L_1+L_2+L_3 \tag{3-44}$$

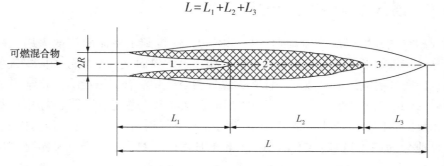

图3-22 紊流火焰形状

随着气流速度增加，火焰长度将增加；随着燃烧传播速度的增加，火焰长度将缩短。当烧嘴尺寸变大时，如果气流速度不变，则流量必然增加，因为火焰长度也将增加。在这

三段中主要是 L_1 和 L_2，而 L_3 仅占长度的 $10\% \sim 15\%$。

3.4.4.2 火焰稳定性

紊流火焰的稳定性问题主要是脱火问题，这是因为气流速度已经增大到回火临界速度之上，回火不再发生。层流火焰维持火焰不脱火的原理是在烧嘴外形成一个点火圈，随着气流速度的增加，已不能靠点火圈提供的热源实现点火。但是为了连续燃烧，必须连续点火。紊流燃烧时，由于质点可有不同方向的脉动，正在燃烧的质团或者高温产物，都可能又返回到新鲜的可燃混合物之中，这样一来，这些高温质点便起到了连续点火的热源的作用。但是在高强度燃烧时，即气流速度更大的情况下，单靠火焰内部自然形成的回流质团的点火将不足以维持火焰的稳定。这时，通常将采用附加手段，使燃烧产物更多的循环返流到火焰根部，或采用附加的点火小烧嘴，以强化点火。稳定火焰的装置称为稳焰器。

影响脱火的因素主要有以下几个：燃气性质、一次空气系数 α'、可燃混合物初始温度、火孔形状及尺寸、燃烧器形状等。一次空气系数是影响火焰稳定性的一个重要因素。随着一次空气系数的增加，脱火极限逐渐降低。这是因为一次空气系数小时燃气浓度高，火焰根部点火环处有较多的燃气向外扩散，与二次空气混合燃烧，形成强有力的点火环。相反，一次空气系数较大时混合物中空气过多，从火孔中流出的燃气较少，再被二次空气进一步稀释，使得点火环的能力减弱，脱火极限下降。火焰传播速度和可燃混合物的初始温度有着密切的关系。

火焰的不稳定究其原因主要有流体力学影响、不等扩散影响、浮力影响。已燃区和未燃区之间被一个无限薄的火焰面分开，造成密度的不连续使得火焰前锋面会有火焰膨胀。在未燃反应物流体通过火焰前锋时，由于曲率的关系会使其流线发散偏折，增加了流线间的面积便引起了流场速度的降低，因而使火焰燃烧速度大于流场速度，进而造成其火焰前锋面往未燃反应物方向移动；对于受负向拉伸的火焰面，在未燃反应物流体通过火焰前锋时，由于曲率的关系会使其流线收敛偏折，减少了流线间的面积便引起了流场速度的增加，因而使火焰燃烧速度小于流场速度，进而造成其火焰前锋面往已燃生成物方向移动。也可以解释为：受到拉伸的火焰其前锋面积相应要增加，虽然火焰强度不变，但引起了燃烧体积速率的增加，而且越来越厉害，造成火焰的不稳定。这种原因导致的火焰不稳定称为流体动力学不稳定。

3.4.5 层流扩散火焰的结构

当煤气和空气分别以层流流动通入燃烧室时，便得到了层流的扩散火焰。在层流下，混合是以分子扩散的形式进行的。在两个射流相接触的界面上，空气分子向煤气射流扩散，煤气分子也向空气射流扩散。在某一面上，煤气与空气相混合时浓度达到化学当量比(即空气消耗系数 $\alpha = 1$)。这时点火后，在该面将形成燃烧前沿。燃烧前沿面上生成的燃烧产物同时向两个相反的方向——中央的煤气射流和周围的空气射流——进行扩散。因此，层流火焰中便明显地分为四个区域：纯煤气区、煤气加燃烧产物区、空气加燃烧产物区和纯空气区。

层流火焰的燃烧强度是很小的，在工业中并不常见。但是，为了建立扩散火焰的理论基础，对层流扩散火焰结构的研究还是十分重要的。在锅炉设备中广泛采用的是扩散燃烧，并且往往利用人工的扰动和涡流的方法来加速可燃物和空气的混合过程。

3.4.6 紊流扩散火焰的结构

增加煤气和空气的流速，可使层流火焰过渡到紊流火焰。当层流时，火焰的外形轮廓是规整的，当气流速度增加时，起初只是火焰顶部发生颤动。随着气流速度的不断增加，火焰上部变为紊流火焰。这样，在火焰高度上存在着一个"转化点"，在某一速度下，在该点之上火焰由层流转化为紊流。在层流情况下，火焰长度随气流速度差不多是成正比地增加，然后又随气流速度的增加而减小。达到紊流火焰之后，气流速度对火焰长度便不再有明显的影响。这是因为，在紊流的情况下，气流的混合速度（紊流扩散速度）是随气流速度的增加而增加的。这样，当气流速度增加时（在烧嘴直径不变的条件下），一方面讲，这时的流量增加应使火焰变长；另一方面讲，这时的混合速度增加可使火焰缩短。这正负两方面的作用结果，便使紊流火焰长度随气流速度的变化不明显。根据流体力学原理知道，由层流气流变为紊流气流是由雷诺数 Re 决定的，一般说来，管内流动（等温）时，当 Re 大于2000 时，即为紊流流动。但是人们发现，对火焰来说，变为紊流火焰的雷诺数要比此大一些，有的要大几倍。燃烧放热使火焰温度升高，火焰中的气流密度减小而黏度增加，因此只有当气体以更大的 Re 值喷出，才会形成紊流火焰。紊流火焰中的浓度分布比较复杂。由于紊流火焰是紊乱而破碎的，所以，各区域（纯煤气区、纯空气区、燃烧产物与煤气或空气区）之间便不存在明显的分界面，也不会存在着像层流火焰那样的可燃分子和氧分子浓度同时等于零的前沿面。

3.4.7 火焰高度

长时间以来燃气炉设计中沿用着炉膛容积热负荷等指标，基本上只是一种经验设计。随着技术的发展，为了使炉内水冷壁的热负荷分布以期更合理、更可靠的利用水冷壁受热面，这时就需要知道火焰的高度。扩散火焰的稳定性较好，阻力问题也不严重，但是扩散火焰的高度较高，有时还容易产生化学不完全燃烧热损失。

在实际中由于火焰本身的高温，所及之处烧毁建筑和设备，造成人员伤亡。另一方面火焰通过辐射引燃邻近的可燃物，使火焰进一步扩大。为了确定火焰辐射的大小，必须首先确定火焰的高度。实际中，火焰很多都是紊流浮力扩散火焰，紊流浮力扩散火焰包括轴对称紊流浮力扩散火焰和二维线性紊流浮力扩散火焰两大类。对于轴对称紊流浮力扩散火焰，可用理论分析的方法得出复杂的计算公式用于计算火焰的高度。

3.5 油粒与炭粒的燃烧

可燃物质和氧化剂处于不同物态的燃烧过程称为异相燃烧，又称非均相燃烧。固体燃料和液体燃料的燃烧便属于异相燃烧。此外，当燃烧气体燃料时，也会因为分解生成炭粒（烟粒），形成异相火焰，其中烟粒的燃烧也是异相燃烧。

和同相燃烧相比，异相燃烧要复杂得多。在异相燃烧时，可燃物与氧化剂的分子接触要靠各相之间的扩散作用，燃烧速度与物理扩散过程有着更为密切的联系。同时，热的扩散（传热）也有更显著的影响。

异相燃烧可分为液体燃料的非均相燃烧和固体燃料的非均相燃烧。燃油的燃烧与燃油的性质和燃烧条件(温度、氧气)有关,燃油的燃烧既有均相燃烧,也有部分均相燃烧。在低温情况下,燃油蒸发产生油蒸气,发生热解与裂化反应时,炭粒产生了非均相燃烧;在高温环境,燃油不能与氧气接触时,发生裂化反应,此时燃油中较重的分子仍呈固态,进行非均相燃烧。固体可燃物由于其分子结构的复杂性、物理性质的不同,其燃烧方式也不相同。主要有蒸发燃烧、分解燃烧、表面燃烧、阴燃四种。蒸发燃烧和分解燃烧都是有火焰的均相燃烧,只是可燃气体的来源不同。蒸发燃烧的可燃气体是相变产物,分解燃烧的可燃气体来自固体的热分解。固体的表面燃烧和阴燃,都是发生在固体表面与空气的界面上,呈无火焰的非均相燃烧。

3.5.1 油粒的燃烧

液体燃料在炉内燃烧时,大多是要将燃料油雾化成细小的颗粒喷入炉内燃烧。燃油雾化成许多大小不一的油滴后,在燃烧室的高温下受热而蒸发汽化。其中一些小的油滴(直径 $10\mu m$ 左右)很快就完成蒸发汽化,并与周围空气形成可燃混合气,其燃烧过程类似气体燃料的均相燃烧。

油雾中直径较大的油滴当其以较高速度喷入空气时,在最初阶段与气流间有一定的相对速度,但经过一定距离后,由于摩擦效应油滴将逐渐慢下来,这时油滴与气流之间的相对速度几乎完全消失。具有相对速度的这一段称为动力段,没有相对速度的一段则称为静力段。通常动力段所占时间很短,例如对初速度为 $100\sim200m/s$,直径为 $10\sim40\mu m$ 的油滴,其动力段只有千分之几秒。在动力段时间内,油滴主要完成受热升温过程,蒸发汽化与燃烧过程主要在静力段中进行。由于在静力段中油滴与气流之间几乎没有相对速度,故油滴在气流中的燃烧现象与它在静止空气中的燃烧情况相近。因此单颗油滴在静止空气的燃烧规律可作为进一步研究油滴群(即油雾)燃烧的基础。

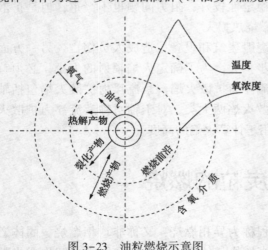

图 3-23 油粒燃烧示意图

当一个很小的油粒置于高温含氧介质中时,高温下将依次发生下列变化(见图 3-23)。

(1)蒸发。油粒受热后,表面开始蒸发,产生油蒸气。大多数油的沸点不高于 200℃,所以蒸发是在较低温度下开始进行的。

(2)热解和裂化。油及其蒸气都是由碳氢化合物组成。它们在高温下若能以分子状态与氧分子接触,可以发生燃烧反应。但是若与氧接触之前便达到高温,则会发生受热而分解的现象。油的蒸气热解以后可以产生固体的炭和氢气。实际中烧油炉子所见到的黑烟,便是火焰或烟气中含有热解而产生的"烟粒"(或称炭粒、油烟),但是这种烟粒并非纯炭,而尚含有少量的氢。

另外,尚未来得及蒸发的油粒本身,如果剧烈受热而达到较高温度,液体状态的油也发生裂化现象。裂化的结果,产生一些较轻的分子,呈气体状态从油粒中飞溅出来;剩下的较重的分子可能呈固态，即平常所说的焦粒或沥青。例如生产中重油烧嘴的"结焦"现象便是裂化的结果。

（3）着火燃烧。气体状态的碳氢化合物，包括油蒸气以及热解、裂化产生的气态产物，与氧分子接触且达到着火温度时，便开始剧烈的燃烧反应。这种气体状态的燃烧是主要的。此外，固体状态的烟粒、焦粒等在这种条件下也开始燃烧反应。

由图 3-23 可以知道，在含氧高温介质中油蒸气及热解、裂化产物等可燃物不断向外扩散。氧分子不断向内扩散，两者混合达到化学当量比例时，即开始着火燃烧。燃烧后，便可产生一个燃烧前沿。在燃烧前沿处，温度是最高的。燃烧前沿面上所释放的热量，又向油粒传去，使油粒继续受热、蒸发。

因此，油粒燃烧过程的特点就是存在着两个互相依存的过程，即一方面燃烧反应要由油的蒸发提供反应物质；另一方面，油的蒸发又要靠燃烧反应提供热量。在稳定态过程中，蒸发速度和燃烧速度是相等的。但是，当油的蒸气与氧的混合燃烧过程如果有条件强烈进行，即只要有蒸气存在，便能立即烧掉。那么，整个燃烧过程的速度就取决于油的蒸发速度。反之，如果相对来说，蒸发很快而蒸气的燃烧很慢，则整个过程的速度便取决于油蒸气的均相燃烧。所以，液体燃料的燃烧不仅包括均相燃烧过程，还包括对液粒表面的传热和传质过程。

为了分析和了解影响油粒燃烧速度的基本因素，用下面的方法可求出油粒完全燃烧所需要的时间。

设油粒的初始半径为 r_0，经过 $d\tau$ 的时间燃烧后变成 r，在此时间内由周围介质传给油粒的热量为

$$dQ = 4\pi r^2 \cdot \alpha (T_1 - T_0) d\tau \tag{3-45}$$

式中　T_1——介质温度；

　　　T_0——油粒的温度（因油粒直径很小，假设其温度是均匀的）；

　　　α——给热系数。

这部分热量可以汽化的燃料量为

$$dG = \frac{dQ}{L} \tag{3-46}$$

式中　L——油的蒸发潜热。

设在此时间内油粒减小 dr，则又写成

$$dG = -4\pi r^2 \cdot \rho_0 dr \tag{3-47}$$

式中　ρ_0——在沸点状态下油的密度。

将式（3-45）和式（3-47）代入式（3-46）得

$$-\rho_0 \frac{dr}{d\tau} = \alpha \frac{T_1 - T_0}{L} \tag{3-48}$$

积分得

$$\tau = \rho_0 L \int_0^{r_0} \frac{dr}{\alpha (T_1 - T_0)} \tag{3-49}$$

式（3-48）的 $\rho_0 \dfrac{dr}{d\tau}$ 正是单位时间内从单位表面上蒸发的燃料量。将该式积分，即得油粒完全燃烧所需的时间。

此处给热系数 α 与介质(或油粒)的运动状态有关,由实验方法得出。通常实验时,得出 Nu 数与 Re 数的关系,然后由 Nu 求出 α,即

$$\alpha = \frac{\lambda}{d} Nu \tag{3-50}$$

式中　λ——气体介质的导热系数;

　　　d——油粒的直径。

当 $Re>100$ 时,$Nu=0.56\sqrt{Re}$。当 $Re<100$ 时,$Nu=2(1+0.08\,Re^{2/3})$。

在一些简单情况下,例如,当油粒很小或相对运动速度很小时 $Nu \cong 2$,则 $\alpha=\lambda/r$;在沸腾状态下,设油的沸点为 T_K,则 $T_0=T_K$,T_K 为一常数。在这些条件下积分式(3-49)可得

$$\tau = \frac{\rho_0 \dfrac{L}{\lambda}}{2(T_1-T_K)} r_0^2 \tag{3-51}$$

该式表明,当油质一定时,油粒完全烧掉所需的时间与油粒半径的平方成正比。由此可知,油雾化越细,燃烧速度便越快。此外,油粒燃烧速度与周围介质的温度有关,周围介质的温度越高,越有利于加速油的燃烧。因此,为了强化油的燃烧过程,除了要将油雾化成细小的颗粒外,还应该保证燃烧室的高温。

3.5.2　油雾燃烧火焰

油雾,即油雾化后生成的细小的颗粒群,通常以喷流形式(油雾炬)进入燃烧室(或炉膛)。所以实际上油并不是以单颗粒状态,而是以油雾炬的形式进行燃烧。在油雾炬中,颗粒的粒径是不均匀的。颗粒之间在热量传送和质量扩散方面均可表现出明显的相互作用,并影响着油粒的燃烧速度。就整个油雾炬而言,雾化、蒸发、热解、裂解、混合和着火燃烧各阶段没有明显的区域界限。油雾的燃烧速度及其火焰结构,不是简单的单个油粒燃烧行为的表现,而是受油粒的平均粒径、粒径分布、油粒浓度在轴向和径向的分布影响。所以油燃烧火焰的结构比煤气燃烧的要复杂得多。

把油雾喷流和气体射流加以比较,可以进一步了解油雾火焰的结构特点。一般有燃烧现象时,火焰将变窄。有颗粒存在时,和等温自由射流相比,将使射流的扩张角减小。这是因为颗粒有向前运动的惯性,使射流与周围气体的动量交换小于气体射流。气体等温自由射流和煤气扩散火焰相比,速度分布相差较大;而含有颗粒的喷流和油雾火焰之间差别则较小。这说明,颗粒的存在比燃烧现象的存在对火焰结构的影响更大。

关于火焰长度的计算问题对油雾燃烧来说是比较复杂的。近年来关于油雾燃烧的流场及浓度场的理论预示计算方法已有相当的发展,但因数学模型中包含油雾特性等参数,实际运用暂时还有很多困难。一般的实验研究是企图建立火焰长度与烧嘴操作参数之间的直接联系,而避开颗粒直径等难以测定或计算的参数。

3.5.3　炭的反应速度

在燃烧过程中,炭的反应包括初次反应(炭与氧的反应)和二次反应(炭与二氧化碳的反应及一氧化碳与氧的反应)。

炭的反应可以在炭的外表面进行,也可以在炭的内部孔隙或裂缝的所谓内表面上进行。

反应进行得愈激烈，则愈容易集中在外表面上；反之，则容易向内部发展。

所谓炭的反应速度，指的是在单位时间内和单位反应表面上完成反应的物质的数量。其单位是 $g/(cm^2 \cdot s)$ 或 $mol/(cm^2 \cdot s)$。

反应一般包括以下几个阶段：

（1）气相反应介质向反应表面的传递；

（2）气体被反应表面吸附；

（3）表面化学反应；

（4）反应物质的脱附；

（5）气相反应产物从反应表面的排离。

整个反应的总速度决定于其中最慢阶段的速度。

3.5.4　炭燃烧的动力区和扩散区

在一般情况下，炭的燃烧和气化反应可以认为是一级反应，因此，反应速度 W 可写成

$$W = k \cdot C_b \tag{3-52}$$

式中　k——反应速度常数；

　　　C_b——反应表面的反应气体浓度。

另一方面，在稳定状态过程中，反应速度与反应气体向反应表面的扩散速度是相等的，即

$$W = \beta(C_0 - C_b) \tag{3-53}$$

式中　β——传质系数；

　　　C_0——介质中反应气体的初始浓度。

由式(3-52)和式(3-53)，联立消去 C_b，则得

$$W = \frac{1}{\dfrac{1}{\beta} + \dfrac{1}{k}} C_0 \tag{3-54}$$

该式即为同时估计到化学反应速度和扩散速度的反应速度的表达式。将式(3-54)写成式(3-55)。

$$W = K_z C_0 \tag{3-55}$$

式中，$K_z = \dfrac{\beta k}{\beta + k}$ 称为综合速度常数，亦即估计到反应速度常数和传质系数在内的折算速度常数。

根据式(3-55)可以讨论化学动力学因素和物理扩散因素对反应速度的影响程度。

当 k 远小于 β 时，例如当温度很低时，化学反应速度常数和传质系数可能比气相反应介质的传质系数小得多，则由式(3-54)及式(3-55)得

$$K_z = \frac{\beta k}{\beta + k} \approx \frac{\beta k}{\beta} = k \tag{3-56}$$

$$W = K_z C_0 = k C_0 \tag{3-57}$$

在这种情况下，反应速度取决于化学动力学因素，称反应处于动力区。图3-24表示反应速度与温度的关系。在动力区时，根据阿伦尼乌斯定律，反应速度与温度的关系为指数关系，如图3-24的曲线1所示。

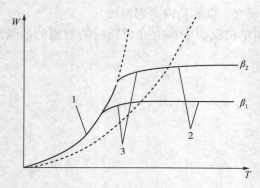

图 3-24 反应速度与温度的关系

当 k 远大于 β 时，例如在高温区，且气体扩散速度较小时，反应速度常数可能远大于传质系数，则

$$K_z = \frac{\beta k}{\beta + k} \approx \frac{\beta k}{k} = \beta \qquad (3-58)$$

$$W = K_z C_0 = \beta C_0 \qquad (3-59)$$

在这种情况下，反应速度取决于气相反应介质向反应表面的扩散速度，称反应处于扩散区。传质系数基本上与温度无关，故在扩散区内，反应的速度随温度的变化是不大明显的，如图 3-24 中的曲线 2 所示。图中 $\beta_2 > \beta_1$，即传质系数越大，这时的反应速度便越大。

当 $k = \beta$ 时，则称反应位于中间区，此时，反应速度既与化学动力学因素有关，也与扩散因素有关。

由图 3-24 可以看出，传质系数 β 值越小，则过程在越低温度下即转为扩散区。如果反应位于动力区，则强化燃烧过程的主要手段是提高温度。如果反应位于扩散区，则为了强化燃烧过程应该增大传质系数 β。根据扩散原理，传质系数表示为

$$\beta = \frac{Nu \cdot D}{d}$$

式中 Nu——扩散过程努谢准数；

D——扩散系数；

d——特性尺寸。

式中的准数 Nu，对于气体介质而言，可写为

$$Nu = A \cdot Re^n$$

式中 A，n——试验常数。

例如据试验，当 $Re > 100$ 时，$A = 0.7$，$n = 0.5$；分子扩散时，$Nu = 2$。由此可以看出，影响传质系数的因素主要是气流速度和固体的特性尺寸（如炭粒的直径）。因此，在扩散区内强化燃烧过程的主要措施是：提高气相反应介质的初始浓度；提高气流速度；减小炭粒直径。

3.5.5 内部反应

燃烧反应不仅能在固定炭的外表面上进行，而且也能在炭的内部进行。并且，当温度较低时，反应介质向固体炭孔隙内部的扩散速度可能远远大于化学反应速度，这时的反应便处于内动力区。随着温度的提高，化学反应的速度会大于内部扩散速度，这时，外表面上的气相反应介质的浓度仍等于周围介质中的初始浓度，但在固体的内部，随着距表面深度的增大，气相反应介质的浓度则逐渐减小，一直到 0。这时的反应便处于内扩散区。当温度进一步提高时，内部反应速度已经远远大于内部扩散速度，但在外表面上，气相反应介质向反应表面的扩散速度仍大于化学反应速度，这时称反应处于外动力区。当温度非常高时，化学反应速度可能大到这种程度，即整个异相反应速度开始决定于反应介质向外表面的扩散速度，这时反应便转入外扩散区。

下面以球形炭粒的稳定燃烧过程为例，说明内部反应存在时的异相反应速度。

设炭粒的半径为 r_S，外表面积为 S，炭粒内部单位体积所具有的内表面面积为 S_i，则炭粒的总反应表面为

$$S + \frac{4}{3}\pi r_i^3 S_i = S\left(1 + \frac{r_S S_i}{3}\right) \tag{3-60}$$

当温度较低时，因为反应速度远远落后于氧气的扩散速度，所以内外表面上的氧气浓度都可以认为等于 C_b，且可以略去二次反应，只考虑初次反应。这时，炭的燃烧速度为

$$W = S\left(1 + \frac{r_S}{3}S_i\right)kC_b = \bar{S}kC_b \tag{3-61}$$

式中 $\bar{k}$——有效反应速度常数。

$$\bar{k} = \left(1 + \frac{r_S}{3}S_i\right)k \tag{3-62}$$

当温度很高时，化学反应速度很快，以致氧的扩散速度远远跟不上内部化学反应的需要，则内部表面的氧气浓度将趋近于 0。这时，内部反应基本停止。炭的反应速度即为

$$W = SkC_b \tag{3-63}$$

比较式（3-61）和式（3-63）得

$$\bar{k} = k$$

由此可见，由低温到高温，炭粒的有效反应速度常数 $\bar{k}$ 比反应速度常数 k 大的那部分数值减小，由 $\frac{r_S}{3}S_i k$ 降到 0，在这个温度变化范围内，由于内部反应所引起的反应速度常数的值介于 $0 \sim \frac{r_S}{3}S_i k$ 之间，故可用 $\varepsilon S_i k$ 来表示，$\varepsilon \leqslant \frac{r_S}{3}$，$\varepsilon$ 量纲和 r_S 相同，称为反应有效渗透深度。若氧气能完全深入炭粒内部，则 $\varepsilon = 0$。故在一般情况下，当内部反应存在时，有效反应速度常数为

$$\bar{k} = k(1 + \varepsilon S_i) \tag{3-64}$$

反应速度即为（单位表面上）

$$W = k(1 + \varepsilon S_i)C_b \tag{3-65}$$

考虑到表面上的浓度 C_b 是不易确定的，故在讨论有内部反应的反应速度时，仍利用综合反应速度常数的概念，通过反应速度常数的折算，将问题看成是炭粒仍以周围氧气的原始浓度 C_0 在外表面上进行反应。即写成

$$W = K_z(1 + \varepsilon S_i)C_0 \tag{3-66}$$

或

$$W = \overline{K_z}C_0 \tag{3-67}$$

式中，$\overline{K_z} = K_z(1 + \varepsilon S_i)$ 称为有效综合反应速度常数。

3.5.6 二次反应的影响

在固体炭的燃烧过程中，二次反应是不可避免的，因此炭的燃烧速度与温度的关系便更为复杂。实验研究表明了这一点。

图 3-25 是用直径为 15mm 的无烟煤焦炭球进行燃烧速度实验所得到的结果。由该图可

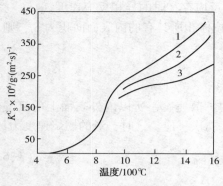

图 3-25　燃烧速度与温度的关系

以看出，这些曲线的扩散区部分与图 3-24 特性曲线不同。在图 3-24 中，扩散区的反应速度不再与温度有关，而在图 3-25 中，当过程转入扩散区后（1000～1100℃以后）炭的燃烧速度又随温度的升高而急剧增加。这种情况的出现便和二次反应有关。

据研究认为，在炭的燃烧反应中生成的二氧化碳当其处于高温反应表面附近时是不稳定的，温度越高，二氧化碳越易被还原成一氧化碳。这些二次反应派生的一氧化碳以及一次反应中生成的一氧化碳在其离开反应表面的途径上，由于遇到迎面过来的氧气而被烧成二氧化碳。因此，在离开反应表面一定距离的地方，二氧化碳的浓度达到最大值。

这样看来，在温度足够高时，氧分子将不能直接到达炭的反应表面，而是向反应表面扩散的途中就被一氧化碳截获。换句话说，这时二氧化碳将作为氧的传送媒介和炭进行反应。因此可以认为，当温度达到一定高度时，炭的燃烧速度将主要决定于二氧化碳的还原反应速度。

总之，随着温度的提高，炭的燃烧将会改变它的反应机理，而且温度对炭的反应速度始终有显著的影响。

3.5.7　炭粒的燃烧

固体燃料的燃烧实质上可归结为是炭的燃烧，研究炭粒的燃烧速度和燃尽时间有重要的实际意义，因为固体燃料燃烧时，无论是固定床燃烧还是煤粉的流动床燃烧，燃料都是呈粒状的。某些金属的燃烧也类似于炭的燃烧。因此，炭的燃烧实质引起了能源科研工作者的极大兴趣与注意，进行着很多理论的和技术的研究工作。

我们知道，炭在空气中燃烧是多相燃烧过程，但它最基本的过程是炭与氧化剂之间的氧化反应。因此，首先要使氧化剂（如空气中氧气）到达固体表面，否则，化学反应就无法开始。使氧化剂到达粒子表面主要是依靠扩散（分子扩散和摩尔扩散，或称对流扩散）来实现。炭表面的反应机理和气相反应机理是不同的。通常认为，炭分子和炭表面上吸附的氧发生反应，其反应生成物可能是二氧化碳，或一氧化碳，或两者兼有之。一般来说，对于任何多相反应过程都将依次经历下面 5 个阶段：

① 氧气扩散到固体燃料表面；

② 扩散到固体表面的气体（如氧气）被固体表面所吸附（就是分子或多或少地紧密联结在相界面上或称反应面上），它常作为化学反应的第一阶段；

③ 吸附的气体和固体表面进行化学反应，形成吸附后的生成物；

④ 吸附后的生成物从固体表面上解吸；

⑤ 解吸后的气态生成物扩散离开固体表面。

上面 5 个阶段是依次发生的，所以整个多相反应过程进行的快慢，即多相反应的总速度或多相燃烧速度取决于上述各阶段中最慢阶段的速度。

炭的燃烧反应速度，按表面上反应气体的消耗（例如氧气的消耗）计算。

设 m 为燃烧的炭量与消耗的氧量之比，则炭的燃烧速度 $K_{\mathrm{S}}^{\mathrm{C}}(\mathrm{g/cm^2 \cdot s})$ 为

$$K_{\mathrm{S}}^{\mathrm{C}} = \mathrm{m} \frac{C}{\dfrac{1}{k} + \dfrac{1}{\beta}} g \tag{3-68}$$

设在 $\mathrm{d}\tau$ 时间内颗粒燃烧使直径减小了 $\mathrm{d}r$，则在此时间内烧掉的炭量为

$$\mathrm{d}G = -4\pi r^2 \rho_{\mathrm{r}} \mathrm{d}r \tag{3-69}$$

式中　ρ_{r}——炭的密度，$\mathrm{g/cm^3}$。

因为 $K_{\mathrm{S}}^{\mathrm{C}}$ 正是单位时间单位表面上烧掉的炭量，即

$$K_{\mathrm{S}}^{\mathrm{C}} = -\frac{4\pi r^2 \rho_{\mathrm{r}} \mathrm{d}r}{4\pi r^2 \mathrm{d}\tau} = -\rho_{\mathrm{r}} \frac{\mathrm{d}r}{\mathrm{d}\tau} \tag{3-70}$$

颗粒直径由初始值 r_0 烧到某一个直径 r 时所需要的时间为

$$\tau = -\rho_{\mathrm{r}} \int_{r_0}^{r} \frac{\mathrm{d}r}{K_{\mathrm{S}}^{\mathrm{C}}} = \rho_{\mathrm{r}} \int_{r}^{r_0} \frac{\mathrm{d}r}{K_{\mathrm{S}}^{\mathrm{C}}}$$

$$\tau_0 = \rho_{\mathrm{r}} \int_{0}^{r_0} \frac{\mathrm{d}r}{K_{\mathrm{S}}^{\mathrm{C}}}$$

在实际中，燃烧是在有一定的过剩空气的介质中进行，而不是在无限空间中进行，所以在燃烧过程中氧的浓度是逐渐减小的。以上是焦炭颗粒燃烧所需的时间。实际上煤的燃烧过程是更为复杂的，它包括煤的干燥和干馏出挥发分，以及挥发分的分解、着火和燃烧，然后是焦炭的燃烧。挥发物一般会先于焦炭着火，但其燃尽过程是在焦炭燃烧之后才完成的。总的来说，在煤燃烧所需的总时间中，焦炭的燃烧时间是主要的，可达 90% 左右。

3.5.8　煤粉燃烧火焰

为了实现煤粉火炬的燃烧过程，煤粉必须磨得很细，一般平均颗粒直径小于 $80\mu\mathrm{m}$，在这一细度条件下，大大增加了其单位重量的表面积，同时大大减小了煤粉颗粒和气流之间的相对速度，使得煤粉颗粒和承载它的空气或烟气流具有相同的速度和流动方向，并在其飞跃炉膛的有限时间内(1~2s)，能够悬浮状态下完成全部燃烧过程。煤粉火炬燃烧过程的这一基本特点，使得它与其他燃烧方式以及与气体燃料及液雾燃烧相比有其不同的特点。

煤粉燃烧的火焰结构与煤的性质、煤粉的粒度、煤粉的初始浓度及浓度分布、煤粉与空气的混合速度以及周围环境温度等因素有关。煤粒的燃烧过程比炭粒复杂。煤粒在燃烧过程中将发生一系列变化，例如黏结、膨胀、析出水分和挥发物，生成焦炭，挥发物和焦炭的燃烧，生成灰分。当煤粒进入高温含氧介质的燃烧室中后，煤的热分解析出挥发物过程为快速热分解过程，即比通常挥发物测定过程要迅速得多，而且实际的挥发物产率也比煤样工业分析给出的数量要多。在火焰中挥发物可以是边析出边燃烧。挥发物析出要吸收一部分热量，可能会延迟煤粉的着火；但是反过来，挥发物在煤粒和焦炭粒周围呈气相燃烧，这对于煤粉的点火和火焰稳定又是有利的。在火焰中挥发物的燃烧和焦炭的燃烧不会有明显的界线。

作 业 题

1. 试阐述质量作用定律。
2. 影响燃烧反应速率的因素有哪些?
3. 什么是火焰的正常传播速度? 如何确定层流火焰传播速度?
4. 试述扩散火焰和预混火焰的特点。
5. 试述火焰稳定的机理及工程上稳定火焰的措施。

4 燃料的燃烧方法与装置

　　燃烧装置是以燃料为热源的设备用以实现燃烧过程的装置，燃料通过燃烧装置将化学能转变为热能。根据要求，各种燃烧装置应该满足以下基本要求：

　　（1）在规定的热负荷条件下保证燃料完全燃烧；

　　（2）具有一定的调节比，燃烧过程要稳定，能够连续供热；

　　（3）火焰的外形、结构、燃烧强度、燃烧温度等符合炉型及加热工艺的要求；

　　（4）结构简单，使用维修方便，能保证安全和满足环保要求；

　　（5）结构紧凑、金属消耗少、工作低噪声。

　　由于燃料的种类不同，燃烧过程不同，因而燃烧装置的结构也各不相同，按燃料种类通常分为气体、液体和固体燃料燃烧装置。

4.1　气体燃料燃烧的方法与装置

　　气体燃料的燃烧具有清洁、燃烧完全、易于控制和调节等优点，是一种最理想的燃烧方式。一般是将气体燃料或与空气的混合气通过燃烧装置（烧嘴等），喷向燃烧空间进行燃烧。根据燃料在燃烧时与空气混合的情况，气体燃料的燃烧方法分为三类：扩散燃烧、部分预混燃烧和预混燃烧。

　　扩散燃烧是燃烧时将燃料和空气分别从烧嘴的两个喷口喷出，燃气与空气未经预先混合，一次空气系数 $\alpha=0$，由喷口流出后二者相互扩散，形成的混合物迅速燃烧，此时燃烧进行的快慢主要取决于燃料与空气的扩散和混合的速度。喷嘴的结构会对燃烧产生很大的影响，因此强化燃烧和组织火焰的主要途径是设法改变煤气和空气的混合条件，例如通过改变两股流体出口相遇的角度、流股的薄厚、流股的旋转方向，以促进两股流体的混合。由于扩散燃烧时可见清晰的火焰轮廓，故又称为有焰燃烧。

　　部分预混燃烧，即在气体燃料中先混合少量的空气，形成燃料过剩的可燃混合气，空气系数为 0.2~0.8，然后燃气和空气的混合物从烧嘴的喷口喷向燃烧空间做一定程度的扩散燃烧，这种燃烧方式因在燃烧时能够看见火焰轮廓，但不是很清晰，故也称为半无焰燃烧。

　　预混燃烧是在部分预混燃烧的基础上发展起来的，它虽然出现较晚，但因为在技术上比较合理，很快便得到了广泛的应用。这种燃烧方式是在燃烧前将燃气与空气按一定比例($\alpha \geqslant 1$)预先均匀混合成可燃混合气，然后通过燃烧器的喷嘴喷出到燃烧空间进行燃烧。此时燃烧过程进行的快慢完全取决于燃烧化学反应进行的速度，即取决于化学动力学因素，故通常称此类燃烧方式为动力燃烧。预混燃烧因在燃烧时燃料与空气已混合均匀，所以可燃混合气到达燃烧区后就能在瞬间燃烧完毕，火焰很短甚至看不见，故这种燃烧方式又称为无焰燃烧。

燃烧器的类型很多，分类方法也各不相同。要用一种分类方法来全部反映燃烧器的特征比较困难，现将常用的几种分类方法介绍如下：

（1）按一次空气系数分类

① 扩散燃烧器。燃气和空气不预混，一次空气系数 $\alpha \approx 0$；

② 部分预混燃烧。燃气和一部分空气预先混合，$\alpha \approx 0.2 \sim 0.8$；

③ 预混燃烧。燃气和空气完全预混，$\alpha \geqslant 1$。

（2）按空气的供给方法分类

① 引射式燃烧器。空气被燃气射流吸入或者燃气被空气射流吸入；

② 鼓风式燃烧器。用鼓风设备将空气送入燃烧系统；

③ 自然引风式燃烧器。靠炉膛中的负压将空气吸入燃烧系统。

（3）按燃气压力分类

① 低压燃烧器。燃气压力在 5000Pa 以下；

② 高（中）压燃烧器。燃气压力在 $5000 \sim 3 \times 10^5 Pa$。

4.1.1 有焰燃烧

实现有焰燃烧的烧嘴结构形式比较多，简称为扩散式燃烧器，助燃用空气依靠自然抽力或扩散供给，多用于民用；依靠鼓风机供给，多用于工业。

最简单的有焰（扩散）燃烧器（见图4-1），就是在一根直的钢管上钻有一排火孔，气体燃料在一定压力下进入管内，经火孔逸出与周围的空气混合后在大气中扩散燃烧，故称为自然引风式扩散烧嘴。这种烧嘴在工业炉或锅炉的始建烘炉过程中经常用到。套管式烧嘴（见图4-2）是一种典型的扩散燃烧的烧嘴形式，套管式烧嘴由外管和内管相套而成，通常是燃气从中间小管流出，空气从两管夹套中流出，其中空气是由鼓风机供给的，它属于所谓鼓风式扩散烧嘴，这种烧嘴大多用于工业炉与锅炉中。

扩散燃烧器结构简单、操作方便，扩散燃烧因是边混合边燃烧，故燃烧速度较预混燃烧慢、燃烧温度低、火焰长、容积热强度低、易产生不完全燃烧；但它燃烧稳定，不会回火。

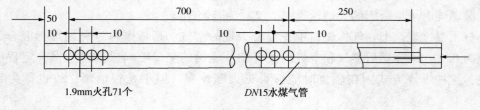

图 4-1　直管式扩散燃烧器

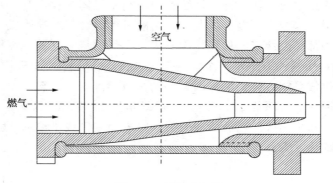

图 4-2　套管式烧嘴

4.1.2　半无焰燃烧

部分预混燃烧方法设计的燃烧器称为大气式燃烧器,应用十分广泛。它由头部和引射器两部分组成,由燃料引射喷入的空气量只是燃烧所需要空气的一部分,一次空气系数一般控制在 $\alpha = 0.45 \sim 0.75$,空气消耗系数通常在 $1.3 \sim 1.8$ 的范围内。它的燃烧介于预混燃烧与扩散燃烧之间,故将其称为半无焰燃烧。图 4-3 是一种典型的半无焰燃烧器的结构示意图,这种燃烧器适应性较广,可燃烧的煤气或天然气的热值和压力范围较广;为满足特定工况的需要可以通过改变一次空气的比例调节火焰的性质和长度。它同时具有有焰燃烧器和无焰燃烧器的缺点,该燃烧器的工作稳定性取决于煤气压力、喷出速度、一次空气量等条件。喷出速度过低会出现回火,过高会断火,调节较麻烦。因此,它大多用在火焰性质和形状易调节的中小型锅炉和某些工业炉上。大气式燃

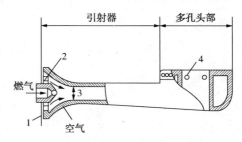

图 4-3　大气式燃烧器示意图
1—调风板;2—一次空气入口;
3—引射器喉部;4—火孔

烧器通常利用燃气引射一次空气,故属于引射式燃烧器。根据燃气压力不同,又可分为低压引射和高(中)压引射式两种。前者多用于民用燃具,后者多用于工业装置。头部具有多火孔结构的多火孔大气式燃烧器,则广泛用在家庭和公用事业的燃气用具上,如家用煤气灶、食堂灶、热水器和沸水炉等。

以上是根据煤气、空气混合条件不同列举的几种比较典型的烧嘴结构,烧嘴结构的变化主要是为了改变煤气与空气的混合条件,以适应不同情况下所需的燃烧速度和火焰长度。

4.1.3　无焰燃烧

无焰燃烧的燃烧速度较有焰燃烧快得多,煤气中的碳氢化合物来不及分解成游离碳粒,所以火焰黑度比有焰燃烧小,且能在较小的过量空气系数下(通常 $\alpha = 1.02 \sim 1.10$)达到完全燃烧,容积热强度比有焰燃烧大 $100 \sim 1000$ 倍之多,所以燃烧温度高,高温区比较集中。为了实现无焰燃烧必须在燃烧前将燃料与空气按 $\alpha \geq 1$ 的比例预先混合,且需设置专门的火道(或烧嘴砖等)以保持燃烧稳定的高温,这就使燃烧器结构复杂。

如图 4-4 所示的引射式完全预混无焰烧嘴,就是无焰烧嘴的一种典型结构。该燃烧器

由引射器、喷头及火道组成，在这种燃烧装置中，利用气体燃料本身的动能，引射燃烧所需的全部空气，在引射器内进行混合。混合均匀的可燃混合气经喷嘴喷入燃烧室内，在炽热壁面和回流火焰根部高温烟气的稳焰作用下进行无焰燃烧。这种烧嘴根据燃料压力的高低可有低压和高(中)压两种。此外，燃料与空气的混合也可利用空气引射燃料的方式，但这时需要鼓风机等供气系统。无焰燃烧因燃烧的是可燃混合气，容易发生回火现象，易造成危险。为了防止回火，头部常做成渐缩形，收缩角为25°左右，为了减少喷口处可燃混合物的火焰传播速度，防止回火，热负荷大的喷头常采用空气或水冷却(见图4-5)。这种烧嘴主要应用在工业加热装置。

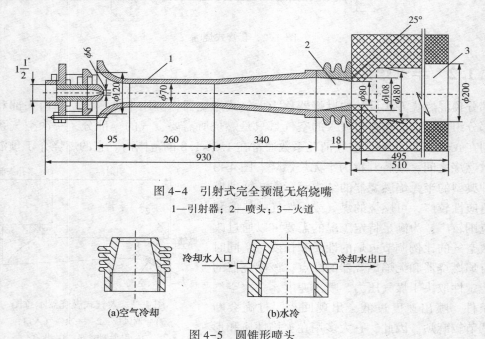

图 4-4　引射式完全预混无焰烧嘴
1—引射器；2—喷头；3—火道

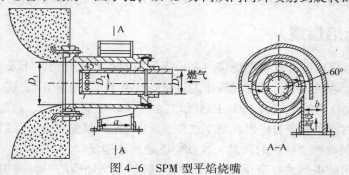

(a)空气冷却　　　　(b)水冷

图 4-5　圆锥形喷头

4.1.4　平焰燃烧

平焰燃烧技术是 20 世纪 60 年代中期出现的一种燃烧技术，主要用于冶金、机械制造、化工、石油、玻璃等行业的加热炉中。图 4-6 为国产 SPM 型平焰烧嘴结构。空气压力 1570~1766Pa，由鼓风机供给，空气由切向管进入，通过内管壁上的 2 个切向孔产生旋流。气体燃料则通过中心管末端的一圈小孔，以45°方向从内向外喷射到旋转的空气流中。射流

图 4-6　SPM 型平焰烧嘴

出口处为一喇叭形火道砖，在旋转气流的离心力作用下，混气沿喇叭形表面扩展并形成平展火焰。

4.2 液体燃料燃烧的方法与装置

在内燃机、燃气轮机、燃气锅炉、工业炉和加热器等很多燃烧设备中，燃料为液体。由于使用的是液体燃料，燃料在参与燃烧前就已经蒸发了，然后在空气中与氧混合燃烧。所以液体燃料的燃烧，实质是一种气相燃烧。

液体燃烧一般可分为液面燃烧、预蒸发燃烧、喷雾燃烧和雾化燃烧等。液面燃烧是指液体燃料由液面蒸发，蒸发的燃料与空气混合，并在液面上燃烧，一般燃烧速度较慢，这种燃烧形式常见于火灾中，如泄漏液体燃料的燃烧，一般无工业应用。预蒸发燃烧是指先将液体燃料破碎成细小的液滴，液滴在高温环境下蒸发为气相，然后再参与燃烧，这时的燃烧已成为气体燃料的燃烧。由于在液滴蒸发的过程中已经完成了与空气的混合，因此这种燃烧方式很快。预蒸发燃烧可见于多种动力机械中，如进气道喷射汽油机、燃气轮机等。喷雾燃烧是指通过燃油雾化装置使液体燃料先破碎成细小的液滴，液滴在高温环境下蒸发，燃料蒸气与氧化剂（通常是空气）混合，混合气着火并燃烧的过程。在着火之前，喷雾中的部分液滴蒸发变为气相并与周围空气混合，这部分的燃烧具有预混合燃烧特征；后续的燃烧速率受制于液滴的蒸发以及与周围空气的混合，具有很明显的扩散燃烧特征。由于液滴群有很大的燃烧表面，因此燃烧速度较快。雾化燃烧是利用各种雾化器把液体燃料雾化为直径几微米到几百微米的微粒，在雾化的油滴周围存在空气，当雾化气流在燃烧室被加热时，油滴边蒸发、边混合、边燃烧。因液体燃料的着火温度低，故不会直接在液滴表面形成燃烧的火焰，而是蒸发的油蒸气离开油表面扩散并和空气混合燃烧，故燃烧的火焰锋面离液滴表面有一定距离。通过雾化增加了燃油的比表面积，极大地加快了燃油的蒸发速度，促使其迅速汽化蒸发并与空气产生良好的混合。

在工业上被广泛采用的燃烧方式是雾化燃烧。目前，工业上使燃油雾化的方式通常有三种：压力雾化、转杯雾化和介质雾化，如图4-7所示。

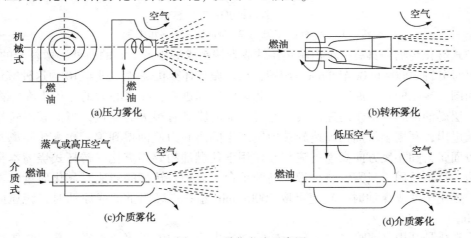

图 4-7 雾化方式示意图

压力雾化是将液体燃料在压力下以较大的速度或以旋转的方式从小孔喷向燃烧室空间来实现燃油雾化。雾化压力一般为 0.5~2.5MPa 或更高，有些可高达 10MPa，主要在航空喷气发动机上使用。按此种原理工作的雾化烧嘴称为压力雾化烧嘴，它包括直射式和离心式等形式。

直射式雾化烧嘴是一种最简单的机械式雾化烧嘴（或称压力式雾化烧嘴）。它的结构形式如图 4-8 所示。在一根直管子的顶端开有小孔，小孔径一般仅有几百微米。燃料在高压下（约 10MPa），通过该管子由小孔喷出而雾化。这种雾化烧嘴只有在燃料相对速度比较高的情况下（100m/s 或更高）才能获得良好的雾化质量，故一般多用在航空发动机与柴油发动机的燃烧室中。

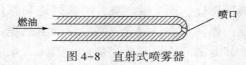

图 4-8　直射式喷雾器

离心式雾化烧嘴是工业上广泛使用的一种雾化烧嘴。它可应用于各种类型的锅炉、工业窑炉和燃气轮机上。燃油在一定压力下切向送入雾化烧嘴的旋流室，在其中产生高速旋转运动，最后从雾化烧嘴的喷口喷出并雾化成微滴。图 4-9 为这种雾化烧嘴的基本结构。它有两种常用的型式：简单离心式和中间回油式。

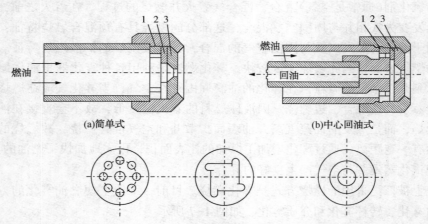

(a)简单式　　　　　　　　　　(b)中心回油式

图 4-9　离心式机械雾化烧嘴

1—分油嘴（分流片）；2—旋流片；3—雾化片

转杯式雾化烧嘴，具有一个由耐热铸铁或青铜制成的锥形空心的、外形像杯子的容器。该容器以每分钟 3000~6000 转的高速旋转，故称做转杯雾化烧嘴。图 4-10 为这种雾化烧嘴的结构简图。雾化的基本原理是：燃油从此杯的底部进入，在离心力的作用下在杯内表面上形成一层燃油薄膜。由于高速旋转，此时燃油薄膜具有很大的能量，当油膜以转杯的切线方向被甩出，利用燃料油在高速旋转中所产生的离心力使油得到第一次雾化，离开杯边油膜在表面张力和相反方向高速气流相互作用下使燃油粉碎而雾化。转杯式烧嘴本身带有供风设施，特别适用于只需安装少量烧嘴的单台工业炉。转杯的转速对雾化质量起着决定性作用，燃用柴油或煤油时，转速可取 3000r/min 左右；燃用重油或原油时，转速应大于 4000r/min。

介质雾化是利用高速喷射的雾化介质的动能来使燃油流粉碎成油雾。雾化介质可以是

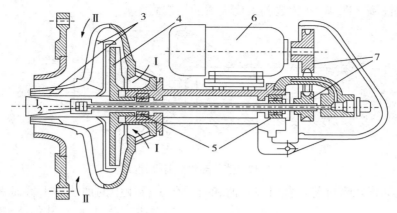

图 4-10　转杯式雾化烧嘴
1—转杯；2—空心转轴；3——次风导流片；4——次风机叶轮；
5—轴承；6—电动机；7—传动皮带；Ⅰ——次风；Ⅱ—二次风

蒸气，也可以是压缩空气。如果用蒸气来雾化的，称为蒸气雾化烧嘴；如果用空气，则称为空气雾化烧嘴。

蒸气介质雾化烧嘴是使用最早的一种雾化烧嘴。借助有压力的高温蒸气高速喷出时的能量来冲击燃油流使其粉碎成微粒油雾。目前，雾化用的蒸气压力一般为 0.2~0.7MPa，由于是利用高速蒸气气流的能量进行雾化，故不要求较高油压，且由于蒸气温度高、能量大，对燃油品质和黏度的要求可以较低。这种雾化烧嘴的雾化质量一般来说较机械雾化为好，且基本不随负荷变动，另外，蒸气介质雾化烧嘴的结构简单、操作方便、运行安全可靠。蒸气介质雾化烧嘴的最大缺点是要消耗蒸气，同时过多的蒸气喷入燃烧室会使炉温下降、增大排烟热损失、降低燃烧效率。目前一般都不单纯地使用蒸气雾化烧嘴，而是使用它与别种雾化方式(机械式)组成组合式雾化烧嘴。

蒸气介质雾化烧嘴结构形式较多，如图 4-11 所示是目前应用较为广泛的外混式蒸气雾化烧嘴。燃油在中间套管内流动，具有一定压力的蒸气在套管外的隔套内流动，两者同时从喷门喷出，并在喷口相撞而混合，故称外混式。此外，还有一种内混式雾化烧嘴，即燃油在喷出雾化烧嘴前预先与蒸气相混，形成燃油与蒸气的混合物，再喷出燃烧，这样可获

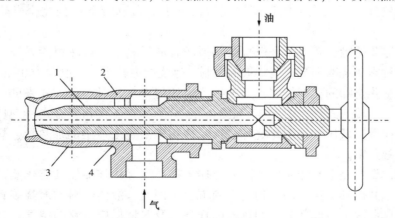

图 4-11　蒸气雾化烧嘴(外混式)
1—油管；2—蒸气套管；3—定位螺丝；4—定位爪

得较细的雾化油滴。图4-12为这种雾化烧嘴的结构简图。

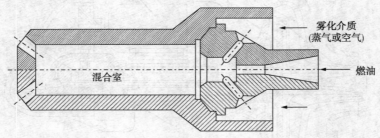

图4-12 蒸气雾化烧嘴(内混式)

蒸气介质雾化烧嘴目前大多用在炼油和石油化工行业中的加热炉上，而一般锅炉上使用较少。某些大容量的锅炉也有采用蒸气、机械组合雾化的Y形雾化烧嘴，如图4-13所示。这种烧嘴所使用的燃油压力较高(约2MPa)，因而加强了燃油的机械雾化作用，这样既提高了雾化质量又节约耗气量，所以这是一种较有发展前途的蒸气雾化烧嘴结构形式。

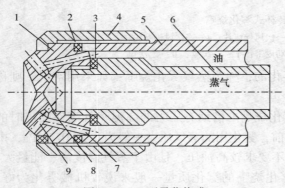

图4-13 Y型雾化烧嘴

1—喷嘴头部；2，3—垫围；4—螺帽；5—外管；
6—内管；7—油孔；8—汽孔；9—混合孔

空气雾化烧嘴是工业加热和窑炉所常用的一种烧嘴。依据所选用空气压力的高低可以有高压空气雾化烧嘴和低压空气雾化烧嘴两种。

高压空气雾化烧嘴是采用压缩空气作为雾化介质，它的压力为0.4~0.9MPa，它的结构形式与蒸气雾化烧嘴基本相同，也有外混式和内混式两种形式。高压空气雾化烧嘴在冶金工业炉上使用较为广泛。

低压空气雾化烧嘴所需用的低压空气是用鼓风机供入，风压为0.003~0.02MPa。在低压雾化烧嘴中，燃烧所需要的全部空气都做为雾化剂由鼓风机送入(在高压雾化烧嘴中，作为雾化介质的空气仅为燃烧所需总气量的7%~8%)，它既是雾化介质，又是氧化剂。因空气和燃油混合较好，可在较少的过剩空气量($\alpha \approx 1.1 \sim 1.15$)下达到完全燃烧，火焰亦比较短。

低压空气雾化烧嘴一般是用来燃烧柴油或较轻的燃料油，虽然也能燃烧重油，但效果一般较差。这种雾化烧嘴因受空气管道的限制，燃烧能力较小，一般为150~200kg/h。

低压空气雾化烧嘴的类型较多，如果按照燃油与空气相对运动方式来分，可以有直流式、相遇气流式、旋流式等。图4-14和图4-15分别为直流式和旋流式(K型)低压空气雾化烧嘴的结构简图。低压空气雾化烧嘴被广泛应用于冶金工业中的加热炉、热处理炉、小型熔炼炉以及隧道窑。

为保证液体燃料完全燃烧，除了需有上述各种类型雾化烧嘴使其雾化蒸发外，还需要供应足够的空气并使其迅速、均匀地与燃料混合。因此，液体燃料的燃烧装置，必须具有雾化烧嘴和调风器两个组成部分。调风器的任务是及时地供应足够的空气，合理地组织配风使空气和燃料充分混合。但是对低压空气雾化烧嘴而言，由于燃烧所需的全部空气量都作为雾化介质由风机送入。因此，就不需要另外供风，雾化烧嘴本身就是一个完整燃烧器。

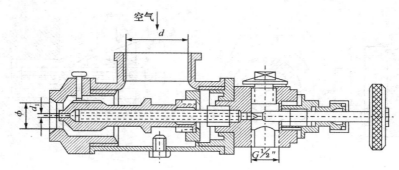

图 4-14 直流型低压空气雾化烧嘴

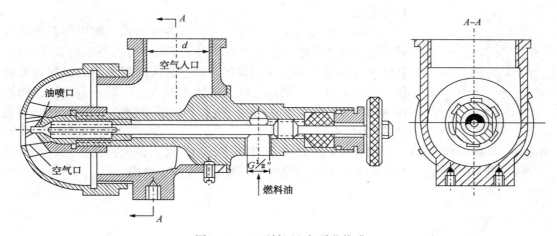

图 4-15 K 型低压空气雾化烧嘴

调风器的结构和形式有很多种，接气流流动情况可分成直流式和旋流式两类。

直流式调风器是一种最简单的调风器。空气经圆孔或方孔不加旋转直接送入。因此，在出口处不形成回流区，着火条件差、燃烧不稳定。为了改善燃烧条件，可在出口端加锥形挡板使其产生涡流，图 4-16 为这种调风器的一种结构。在雾化烧嘴的端部装有叶片式的稳焰器，使一小部分空气穿过稳焰器作轻度旋转，而其余大部分空气则平行流过其外围而不旋转。它的特点是结构简单、阻力小、火焰呈细长束状、不易和邻近其他燃烧器火焰相干扰。此外还便于准确地测出通过的空气量。

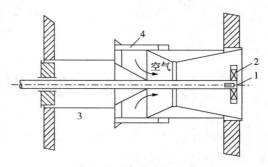

图 4-16 直流式调风器
1—雾化烧嘴；2—稳焰器；3—风室；4—调风门

直流式调风器一般用于电厂大容量锅炉，在四角布置燃烧器上通常采用这种调风器，它借助切圆的混合作用，运行情况较好。

旋流式调风器(见图 4-17，有时简称旋流器)是目前使用较为广泛的一种调风器，分为蜗壳式和简单切向式两种，简单切向叶片式旋流调风器如图 4-18 所示。旋流式调风器大多和离心式雾化烧嘴配合使用。空气经过旋流式调风器后产生旋转，形成一股旋转的紊流射流，可增强空气与油雾的混合和燃烧，并在火焰中心造成高温烟气回流以保证迅速着火和

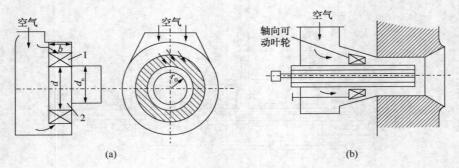

图4-17　叶片式旋流调风器简图

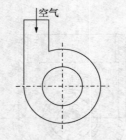

图4-18　简单切向叶片式
旋流调风器示意图

燃烧稳定。

　　轴向叶片式调风器的叶片可以有各种形式，常用的有直叶片式、弯曲叶片和螺旋扭曲叶片三种（图4-19），当采用直叶片时，在叶片背面会出现很大涡流区，产生较大的局部阻力。在旋流程度相同的条件下，轴向直叶片的阻力最大，一般不宜采用，而轴向弯曲叶片的阻力则在几种旋流式调风器中（包括切向叶片和蜗壳式等）为最小。

　　蜗壳式调风器由于调节性能差，阻力较大，且在出口处沿圆周气流速度不均匀性较大。因此，现很少使用。

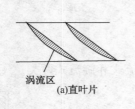

涡流区
(a)直叶片

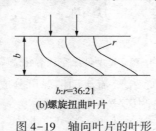

$b:r=36:21$
(b)螺旋扭曲叶片

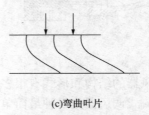

(c)弯曲叶片

图4-19　轴向叶片的叶形

4.3　固体燃料的燃烧方法

　　根据固体燃料与氧气的相对运动方式，固体燃料的燃烧方法可分为层状燃烧、悬浮燃烧、沸腾燃烧和旋风燃烧。

4.3.1　固体燃料的层状燃烧

　　层状燃烧是把燃料放在炉箅或炉排上，空气通过炉箅或炉排的缝隙穿过燃料层和燃料进行燃烧反应，生成的高温燃烧产物离开燃料层而进入炉膛或燃烧空间。层状燃烧法的煤层厚度和鼓风压力与煤的种类有关。层状燃烧法是一种最简单的和最普通的块煤燃烧法，它的发展已有悠久的历史，从一般的人工加煤燃烧室发展到复杂的机械加煤燃烧室。根据工业炉的用途和生产工艺特点的不同，燃烧室的结构有所不同。但是从发展来看，层状燃烧法将不能满足生产需要，特别是大型工业炉的需要，而且不能完全机械化和自动化。虽然如此，在目前的中小型工业炉中，层状燃烧法仍占有一定地位。

按照燃料层相对于炉排的运动方式的不同，层燃炉可分为三类：①燃料层不移动的固定火床炉，如手烧炉和抛煤机炉；②燃料层沿炉排面移动的炉子，如倾斜推饲炉和振动炉排炉；③燃料层随炉排面一起移动的炉子，如链条炉和抛煤机链条炉。

层状燃烧法的优点是燃料的点火热源比较稳定，因此燃烧过程也比较稳定。缺点是鼓风速度不能太大。而且，机械化程度较差，因此燃烧强度不能太高，只适用于中小型的炉子。

在炉箅上，煤块首先经受干燥和干馏作用而放出水分和挥发分，然后才是固体炭的燃烧。挥发分多的煤，火焰较长；反之，则火焰较短。

关于固体炭的燃烧过程，可以用沿煤层厚度方向上气体成分的变化曲线来说明。从图 4-20 中可以看出，在氧化带中，炭的燃烧除了产生 CO_2 以外，还产生少量的 CO。在氧化带末端(该处氧气浓度已趋于零)，CO_2 的浓度达到最大，而且燃烧温度也最高。实验证明，氧化带的厚度约为煤块尺寸的 3~4 倍。

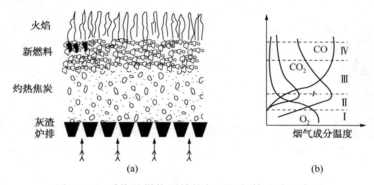

图 4-20 手烧炉燃烧层结构与层间气体成分示意图

Ⅰ—灰渣区；Ⅱ—氧化区；Ⅲ—还原区；Ⅳ—干燥干馏区

当煤层厚度大于氧化带厚度时，在氧化带之上将出现一个还原带，CO_2 被 C 还原成 CO，因为是吸热反应，所以随着 CO 浓度的增大，气体温度逐渐下降。

上述情况说明，根据煤层厚度的不同，所得到的燃烧反应及其产物也不同，因此就出现了两种不同的层状燃烧法"薄煤层"燃烧法和"厚煤层"燃烧法。

厚煤层燃烧法也叫作半煤气燃烧法，煤层较厚，对烟煤来说大约为 200~400mm，目的是为了使部分燃烧产物得到还原，使燃烧产物中含有一些 CO、H_2 等可燃气体，以便使火焰拉长，改善炉膛中的温度分布。

当采用薄煤层燃烧法时，助燃空气全部由煤层下部送进燃烧室。当采用半煤气化燃烧法时，一部分空气由煤层下部送入(叫作一次空气)，另一部分(叫作二次空气)则在煤层上部空间分成很多股细流以高速送到燃烧室空间，以便和燃烧产物中的可燃气体迅速混合和燃烧。二次空气与一次空气比例应根据煤炭挥发分的含量和燃烧产物中可燃气体的多少来决定。实践证明，如果二次空气的比例不合适或者与可燃气体的混合不够好时不仅不能保证半煤气化燃烧法的预期效果，而且还会由于送入大量冷风而降低燃烧温度，影响炉温，并增加金属的氧化和烧损。

层状燃烧法主要采用链条炉排燃烧，链条炉排的结构形式有多种，目前我国供热锅炉常用的是鳞片式链条炉排、链带式链条炉排和横梁式链条炉排。

（1）鳞片式链条炉排

容量较大的锅炉（10~75t/h 的蒸气锅炉，7~58MW 的热水锅炉）常用鳞片式链条炉排。它受力的链条在炉排片的下部，距灼热的燃烧层较远，而且返程时翻转倒挂，其冷却性能良好。炉排由拉杆将各组串联形成软性结构，主动链轮的制造和安装要求可以低一些，链条可以自动调整，装卸和更换炉排片不必停炉，因而提高了运行的可靠性，但是，其钢铁耗量比链条带式约高 30%左右，而且刚性较差。

（2）链带式链条炉排

如图 4-21 所示是一种轻型链带式炉排，常用于 10t/h 以下的小型工业锅炉，炉排片宽度均为 12mm，为薄片状。通风截面比约为 6.5%，每平方米炉排重 680kg。链带式链条炉排主要有两种形式：大块型炉排片的链带式炉排，由于其运行安全、可靠，在我国小容量锅炉中被广泛采用，每块炉排片长度在 300~350mm，常用的有 320mm、350mm 等几种；轻型链带式炉排，结构简单，金属耗量小，但容易断裂。中小容量的供热锅炉，大多采用轻型链带式链条炉排。

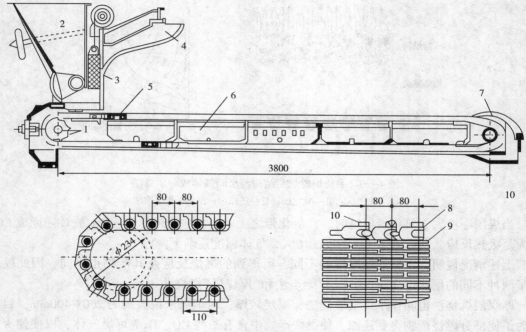

图 4-21　轻型链带式链条炉排
1—链轮；2—煤斗；3—煤闸门；4—前拱砖吊架；5—炉排；
6—隔风板；7—老鹰体；8—主动链环；9—炉排片；10—圆钢

（3）横梁式链条炉排

它和前两种炉排的主要区别在于具有刚性较大的支架（横梁），以支持和联结排片。它是用于燃烧无烟煤，炉排通风截面小，通风间隙小，通风量分布均匀，冷却条件好。炉排长度可达 8m，宽度可达 5~6m。

4.3.2　悬浮燃烧法

悬浮燃烧法是 20 世纪 20 年代出现的一种燃烧方法，是预先将煤磨成煤粉（一般是 20~

70μm)，用空气把煤粉送入炉内，在悬浮状态下着火燃烧，具有像气体燃料那样具有明显轮廓的火焰。采用悬浮燃烧法的炉子一般称为煤粉炉。

（1）悬浮燃烧法的特点

由于煤已被磨成很细的煤粉，与空气的接触面积大大增加，使燃烧强化。煤粉炉炉内温度也较高，因此除了很差的煤以外，各种煤都能在煤粉炉中有效的燃烧，并且燃烧得比较完全，燃烧效率也比较高。实践证明，当用层状燃烧法燃烧发热量较低和灰分含量较高的劣质煤时，炉温只能达到1100℃，而改用悬浮燃烧法时，由于粉煤燃烧速度快，完全燃烧程度高，炉温可达到1300℃。用来输送煤粉的空气叫一次空气，一般占全部助燃空气量的15%~20%（与粉煤的挥发分的产率有关），其余的空气叫二次空气，沿另外管道单独送至炉内。在采用悬浮燃烧法时，二次助燃空气可以允许预热到较高的温度，因而有利于回收余热和节约燃料。

煤粉炉可以实现完全机械化和自动化，但是需要一套复杂的制粉系统和设备，并且运行电耗较大，增加设备投资，维修工作量也重。因此限制了悬浮燃烧法在锅炉及工业炉中的应用。加上粉尘污染严重，如烟气中含有大量的飞灰，占燃料全部灰分的85%~90%，造成换热器和引风机的磨损，而且有碍环境卫生，不得不装置复杂的除尘设备。还具有不能低负荷运行等缺点，在太小的工业锅炉不适于采用悬浮燃烧法。

（2）煤粉的一般性质

煤本身是一种脆性物质，在机械力作用下利用撞击、压碎、研磨和劈碎等方法被粉碎成煤粉。煤粉的形状是不规则的，磨煤所得到的煤粉是各粒级尺寸颗粒的混合物。因此，煤粉细度的概念不是指煤粉单个粒子的尺寸，而是指不同大小颗粒其破碎的粗细程度。煤粉细度是利用一组金属丝编结的带正方形小孔的筛子进行筛分来确定的。

煤粉的形状不规则，通常说煤粉的尺寸是指它能通过的最小筛孔尺寸，并称之为煤粉粒子的直径。在发电厂磨煤设备中，褐煤的最大煤粉粒径可达1000~1500μm，无烟煤粉的最大粒径约为200μm。大部分煤粉粒径为20~90μm。

通过筛分法可以确定煤粉的细度，它是以通过某号筛子的煤粉质量或残留在筛子上的煤粉质量占筛分煤粉总质量的百分数来表示的。通过的煤粉质量百分数以 D_x 表示，残留在筛子上的煤粉质量百分数以 R_x 表示，角码 x 代表筛孔内边长，单位为 μm。设 a 为残留在筛上的煤粉质量，b 为通过筛子的煤粉质量，则

$$R_x = \frac{a}{a+b} \times 100\% \qquad (4-1)$$

$$D_x = \frac{b}{a+b} \times 100\% \qquad (4-2)$$

$$R_x + D_x = 100\% \qquad (4-3)$$

R_x 的数值称为该煤粉的细度，在筛子上剩余的煤粉愈少，即 R_x 值愈小，煤粉也就愈细。衡量发电厂锅炉燃烧的煤粉粗细，一般以 R_{90} 的粉煤细度值表示。

煤粉燃烧系统的一般组成情况是，原煤经给煤器按一定速度进入煤粉机，在煤粉机中经过粉碎后送到分离器，不合格的粗粉沿回路重新回到煤粉机进行研磨，合格的细粉则沿管道送至风机，在一次空气的带动下，以规定的速度送往煤粉燃烧器。

（3）煤粉燃烧器

煤粉燃烧系统大体上是由煤粉制备、输送和燃烧装置三部分组成。

图 4-22 为普通煤粉烧嘴结构示意图。煤粉在输送管道中已与部分或全部空气混合，混合条件对燃烧过程的影响不十分显著，烧嘴结构较简单，常用于无特殊加热要求的炉子。

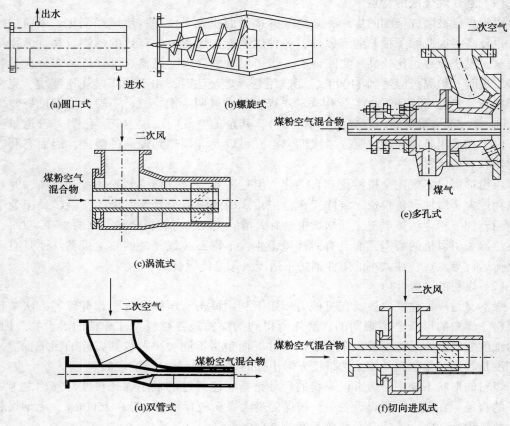

图 4-22   普通煤粉烧嘴结构示意图

MFP 型可调旋流煤粉烧嘴见图 4-23，结构上采取二次风强烈旋转和带有可调钝体以调节火焰长度，火焰的铺展性好，易点火，燃烧稳定。携带煤粉的一次风由弯管导入，通过直管从喷管喷出，调节钝体前后位置可改变煤粉的出口角度。二次风由风壳切向进入烧嘴，经过由固定塞块和可动塞块组成的旋流器，最后通过烧嘴喷头与一次风携带的煤粉在一定交角下充分混合后喷出。调整旋流手柄可控制二次风的旋流强度，联合调解旋流手柄与钝体拉杆可得到不同形状的火焰。

4.3.3   旋风燃烧法

旋风燃烧法（见图 4-24）是利用旋风分离器的工作原理，使燃料和空气流沿燃烧室内壁的切线方向，以高达 $100 \sim 200 \mathrm{m/s}$ 的速度做旋转运动，在离心力的作用下，燃料颗粒和空气得以紧密接触和迅速完成燃烧反应。在这种燃烧方式下，不仅改善了燃料和空气的混合条件，而且还显著地延长了燃料在燃烧室中的停留时间，可以将空气过剩系数降到 $1.05 \sim 1.10$，并且可以燃烧粗煤粉（$R_{90} = 65\% \sim 70\%$）或碎煤粒。从而可以简化甚至取消制粉设备。

旋风燃烧法的突出优点是燃烧强度大，它的容积热强度可以达到 $(12.5 \sim 25.1) \times 10^{6} \mathrm{kJ/m^3}$，

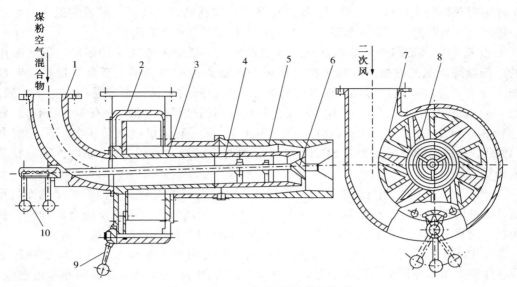

图 4-23　MFP 型可调旋流煤粉烧嘴

1——一次风弯管；2——风壳；3——一次风直管；4——一次风喷管；5——烧嘴喷头；
6——钝体；7——固定塞块；8——可动塞块；9——旋流手柄；10——钝位拉杆

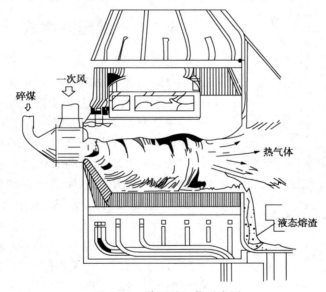

图 4-24　旋风炉工作示意图

而且由于燃烧温度高，可以使渣熔化成液体排出，从而解决了由于烟气飞灰所带来的一系列问题。由于旋风燃烧器具有上述特点，所以已成为固体燃料燃烧和气化技术方面的一个发展方向，并在大型动力锅炉和某些有色冶金炉上开始使用。

旋风燃烧的热强度比煤粉炉燃烧和流化床燃烧更高，适合于褐煤等较难燃的燃料。旋风炉采用液态排渣，具有很高的捕渣率，可显著降低后续烟气的除尘负荷。但由于旋风炉燃烧温度高，在不采用低 NO_x 燃烧技术条件下，烟气中 NO_x 排放质量浓度高达1500mg/m³（标准状态，下同），严重制约了旋风炉的应用和发展。

旋风燃烧法由于热强度大，设备结构紧凑，而且可以液体排渣，因此近年来在蒸气动力工业部门获得很大发展。但是，它毕竟还是一种较新的燃烧技术，随着它的发展也出现了一些问题，有待进一步研究解决。这些问题主要有以下几个方面。

① 化渣问题。旋风炉对燃料的适应范围很广，主要受灰渣性质的限制，因此采用适当的熔剂以降低灰渣的熔点，对于扩大旋风炉的适用范围具有很大意义。根据实践经验增加灰分中的金属氧化物可以降低灰渣的熔点。碱金属的氧化物很容易挥发，不宜采用，纯的 CaO 和 MgO 熔点很高，也不宜采用，一般常用的是平炉炉渣（含有 30%CaO）、熟石灰 [含 93.6%Ca(OH)$_2$]、白云石（CaCO$_3$、MgCO$_3$）等。有时燃烧灰分成分不同的混合燃料（例如，一种煤的灰分主要是 SO$_2$ 和 Al$_2$O$_3$，而另一种则含有较多的 CaO），可以显著降低灰渣熔点。

② 积灰问题。当采用旋风燃烧时，虽然烟气中的飞灰大大减少，但锅炉受热面的积灰问题并未彻底解决，甚至由于这时烟气中只有细灰，受热面积灰现象反而有所加剧，到目前为止，对积灰问题还没有研究清楚，这是影响旋风炉广泛使用的一个重要原因。

③ 熔渣物理热的利用问题。采用旋风炉后，空气消耗系数可以减小，而燃烧却更完全，这些因素可以使锅炉的热效率提高。但是，旋风炉的排渣率很高，而且是呈液态流出，带走大量物理热，特别是对于多灰燃料，必须考虑液态渣的物理热的利用问题。

总之，旋风炉的优点较多，上述问题经过进一步研究解决之后，旋风燃烧在工业炉上一定会得到广泛应用，对提高燃煤工业炉的燃烧技术水平和扩大劣质煤的利用范围是有益的。

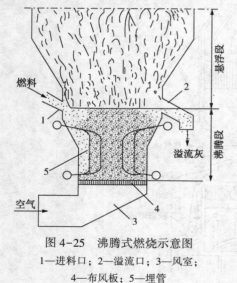

图 4-25　沸腾式燃烧示意图
1—进料口；2—溢流口；3—风室；
4—布风板；5—埋管

4.3.4　沸腾燃烧法

沸腾燃烧亦称"流态化燃烧""流化床燃烧"（见图 4-25），是从 20 世纪 50 年代起在普通层状燃烧（炉算燃烧）的基础上逐步发展起来。是固体燃料的一种较新型燃烧方式，既不像在层燃炉中将固体燃料静止地放在炉排上燃烧，也不像室燃炉那样将液体、气体或磨成细粉的固体燃料悬浮在炉膛空间中燃烧，而是利用填料床适当控制供气速度，使粒径一般为 10mm 以下，大部分是 0.2~3mm 的碎屑和空气的混合物形成沸腾状的颗粒群状态，以增加煤粒与空气中氧的接触机会。炉内温度一般控制在 830~1050℃，运行时，沸腾层的高度 1.0~1.5m，其加入的燃料仅占 5%，燃料进入沸腾料层后，就和几十倍以上的灼热颗粒混合，因此能很快升高温度并着火燃烧，具有较高的传热系数（250~350）W/(m^2·℃）。它的突出优点是对煤种适应性广，不但可以燃烧烟煤、无烟煤、褐煤，也可以燃烧煤矸石、煤渣等，即使对于多灰、多水、低挥发分的劣质燃料，也能维持稳定的燃烧。

要保证沸腾燃烧的稳定，应该注意以下几个问题：

（1）对燃料的粒度要加以限制

沸腾燃烧既不同于层燃炉，也不像煤粉炉那样燃烧，而是在炉排（布风板）上一定高度范围悬浮、跳跃着翻腾燃烧，因此，燃料颗粒相对层燃炉要小得多，相对煤粉炉要大一些。从理论上讲，沸腾燃烧的燃料颗粒在 3~8mm 为宜，而实际运用中，一般要求粒度小于

10mm 即可，有的还放宽到 13mm。对于这个粒度范围一定要严格掌握，不能再随意放宽，否则将使燃料层不能呈悬浮状态，跳跃不动，致使燃料层厚度很快增加，燃料燃烧不充分，炉温下降，最后导致结焦或熄火等故障。一些煤矸石或劣质煤电厂的单炉运行时间往往不长，主要原因就是没有很好地把住燃料粒度这一关，或是对破碎机及筛分机的选型与煤种不相配，或是破碎机与筛分机的维修不及时。例如，破碎机的齿辊间隙磨损增大而未调整维修；筛分机的筛网损坏或网孔增大而未修补等。解决的途径是要根据煤矸石或劣质煤的硬度等具体情况，选择多级破碎和筛分，对破碎机和筛分机要有专人负责，注意经常调整和维修。

（2）受热面的布置要与燃料特性匹配

沸腾炉受热面（俗称埋管）处在沸腾区中，传热系数特别大，埋管受热面设计的原则是能够保证吸收燃烧放出热量的 50%，因此应根据燃料的发热量来决定埋管受热面的大小，这也是保证沸腾燃烧稳定性的一个重要基础。如燃料的发热量大于原设计时，会造成炉内超温；如燃料的发热量低于原设计时，将导致炉温下降。因此，当煤矸石和劣质煤发电厂确定了所用燃料品种后，锅炉受热面的布置与燃料的匹配就相应固定，这时，就不能再任意改变燃料品种。一些燃用煤矸石或劣质煤的电厂由于忽视了这种匹配，造成了不良后果。例如，四川某低热值燃料电厂在订购锅炉时，提供的燃料热值较低，而在电厂安装试运行时，却用热值高的燃料煤代替，结果导致炉膛温度高，炉内和过热器部位因结焦而不能运行。炉膛温度增高后，炉膛出口烟气温度也升高，还可能引起省煤器中的水沸腾，这是很危险的。相反，另一电厂使用的燃料发热量比原设计的低，不但点火难度增大，而且在点火成功后，炉温上升困难，维持运行时间较短。由此可见，流化床沸腾燃烧要高度重视沸腾受热面与燃料的匹配，不要轻易改变燃料品种。若必须要改变燃料品种，则应对沸腾受热面进行相应的调整，以保持二者的匹配。

（3）沸腾燃烧的风煤比控制

沸腾燃烧的送风机将空气以适当的速度由风室经布风板（炉床）吹入炉膛，将炉内燃料层燃料颗粒吹起，并在一定高度上下翻腾跳跃，即称为"流化"状态。如风力过小，无法吹动燃料层；若风力过大，则会将燃料吹跑而无法燃烧。所谓沸腾燃烧的风煤比，就是根据燃料颗粒大小和密度等具体情况，选择一个适合燃料颗粒在炉内运动的最合适风速，保证燃料在炉内有充足的停留时间和良好的运动，并能充分而稳定燃烧。然而，在实际生产中，燃料颗粒粒度并非均匀一致，因此选择燃料的风煤比，要兼顾大、小颗粒两方面的需求，但最好的办法是提高燃料颗粒的均匀度。颗粒越趋于均匀，其风煤比越易控制，燃烧效果也越好，沸腾燃烧也越稳定。另外，由于沸腾燃烧的炉况较复杂，床层的各个不同区域，如前床、后床、床中心、床四周等处的燃烧状况各不相同，因此对风煤比的要求也各有差异，这也是在原等压风室中引入不等压概念的原因，即在不同区域的风帽采用不同的开孔率，改善布风状况，使炉内不同区域都能满足风煤比的要求。

（4）沸腾燃烧的炉温控制

沸腾燃烧要求保持沸腾区的温度在 850~1000℃。温度太低，会影响沸腾燃烧的稳定性和锅炉的蒸发量及出力；温度过高，则易造成结焦而影响运行。为了避免温度过高带来的种种危害，有些电厂往往采取温度偏低的保守运行方式，将炉温控制在 850℃左右。实际上这是很不利的，会导致锅炉出力达不到要求，发电量偏低，发电成本增高。因此，应在确保不结焦的前提下尽量提高炉温，使炉温控制在较高的水平，即接近 1000℃。这不但能使燃料燃烧得更充分，降低发电煤耗，而且能保证锅炉出力，增加发电量，提高发电生产效益。四川省有些矿局电厂根据煤种特点，将沸腾炉温提高到1050℃，积累了丰富的运行经验，取得很好的效果，是一种提高生产效益的有效途径。

作 业 题

1. 气体燃烧方式有几种？
2. 无焰燃烧与有焰燃烧最主要的区别是什么？
3. 燃油烧嘴有哪些类型？实际生产中常用的有哪些？
4. 煤的层状燃烧法有什么特点？层状燃烧室主要结构有哪些？
5. 粉煤燃烧法的技术特点是什么？
6. 试述沸腾燃烧法的基本工作原理。

5 燃烧过程数值模拟

近年来，随着经济发展和环境保护需求，对动力和能源系统的效率要求越来越高，同时对于污染物的排放要求也越来越严苛，进而对各种燃烧室的要求也越来越高，例如燃气轮机燃烧室内部燃烧过程包含湍流(也称为紊流)、燃油雾化蒸发、燃料/空气掺混、化学反应、燃气的辐射和对流、传热传质等多种现象，并且这些现象中，有的是相互耦合、相互作用的。在现有条件下，通过测量的方法，难以全面获得燃烧室内部的流动、温度、组分等分布的情况，数值模拟可以部分弥补上述不足。随着计算流体力学和计算机技术的进步，用数值模拟的方法来模拟燃烧室内部燃烧过程成为可能。现有的经验或半经验设计方法已不能完全满足现代先进燃烧室的设计要求，同时燃烧室试验件加工周期长、试验费用十分昂贵，通过数值模拟可以减少研发费用，缩短研发周期。计算已成为现在燃烧室设计不可缺少的一部分，随着模拟及相关技术的成熟，数值模拟将会在不久的将来发挥更大的作用。这种先进的设计方法是以计算燃烧动力学(Computational Combustion Dynamics，CCD)为核心，以计算机为工具，对燃烧室内流动、传热及化学反应等过程及总体性能进行数值模拟。

其主要功能有以下几方面。

(1) 模拟燃烧过程。如燃料/空气掺混、点火、熄火、火焰动态、燃烧室中流动结构、组分浓度场、温度场、燃油的喷射、雾化、液滴的运动、蒸发、碰撞及反应等物理、化学及其耦合过程等。

(2) 燃烧室性能估算。预估不同工况下燃烧室气动热力性能，如总压损失、燃烧效率、出口温度分布、火焰筒壁温、燃烧室点火和熄火特性、污染物预测等。

(3) 用于燃烧室优化设计。在初步设计阶段用于方案筛选，在技术设计阶段用于产品性能评估、优化。

(4) 弥补试验不足。指导燃烧试验，减少试验次数，进行燃烧故障模拟与分析，缩短研制周期，节省研制经费。

(5) 开展特殊条件下的燃烧模拟。比如微重力环境，低温反应等。对特殊条件下复杂的燃烧现象提供更深刻的认识，产生新的设计概念。

5.1　计算燃烧动力学的应用

计算燃烧动力学主要应用在以下几个方面：

(1) 动力生产。电站中各种煤的燃烧；汽车、飞机、船舶等的液体燃料燃烧；燃气轮机中的液体燃料或气体燃料燃烧；火箭发动机中液体或固体燃料燃烧；内燃机中汽油或其他代用燃料燃烧等。

（2）工业生产过程中的各种加热炉、裂化炉等。广泛应用于钢铁、玻璃、陶瓷、水泥、精炼燃料等行业。

（3）民用和工业取暖炉。如蒸气锅炉，热水锅炉，壁炉等。

（4）火灾模拟。

（5）先进燃烧技术研究。如燃烧低污染物排放技术，催化反应等。

5.2 燃烧过程数值模拟的分类

燃烧现象与很多因素有关，如时间、空间、反应物的初始混合状态、流动条件、反应物的相态、压缩性、燃烧波传播速度等有关，其分类见表5-1。在进行燃烧过程数值模拟时，需要根据燃烧模拟对象的特点有选择地加以考虑。

表5-1 燃烧现象分类表

燃烧条件	分类	燃烧条件	分类
时间	定常、非定常	反应物均质性	均质、非均质
空间	零维、一维、二维、三维	化学反应速率	化学平衡反应(快速反应)，有限速率化学反应
反应物初始混合状态	预混、非预混(扩散)、部分预混	换热方式	对流、传导、辐射
流动条件	层流、湍流	可压缩性	不可压、可压
反应物相态	单相、双相、多相	燃烧波速度	缓燃(亚声速)、爆震(超声速)

通过燃烧条件加以区分，根据时间尺度可以分为定常和非定常燃烧；根据空间尺度分为零维、一维、二维和三维燃烧；根据反应物初始混合状态分为扩散、部分预混合预混燃烧；根据燃烧流体的流动状态分为层流燃烧和湍流燃烧；根据反应物的相态分为单相、双相和多相燃烧；根据反应物均质性分为均质燃烧和非均质燃烧；根据化学反应速率分为化学平衡反应(快速反应)和有限速率化学反应；考虑与燃烧室壁面的换热情况可以分为热传导、对流、辐射及其组合；根据流体压缩性分为不可压缩和可压缩燃烧过程；根据燃烧波速度可分为缓燃(亚声速)和爆燃(超声速)。

根据燃烧数值模拟的目的不同，可以将其分为以下两种：燃烧机理数值模拟和燃烧装置工作过程的数值模拟。

燃烧机理数值模拟一般包括点火过程、熄火过程、火焰动态和火焰传播过程的数值模拟，平衡态和非平衡态化学反应动力学过程的数值模拟，流体与化学反应相互作用过程的数值模拟等。对于两相燃烧，还包括燃料喷射、雾化、蒸发、混合过程的数值模拟。燃烧机理数值模拟的目的是探索燃烧现象的规律，为燃烧系统的数值模拟提供准确、可靠的物理模型和数值方法。

燃烧装置工作过程的数值模拟包括锅炉、内燃机、燃气轮机、火箭发动机、冲压发动机等，各种装置燃烧室的工作条件和燃烧过程组织方式是不一样的，因此在进行数值模拟时既要考虑它们的共性又要考虑其特殊性。燃烧装置工作过程的数值模拟的目的是深入研究燃烧过程组织的效果，预测燃烧装置的性能，为燃烧装置的设计、改进提供有力的工具。根据空间维数不同可分为零维模型、一维模型、二维模型和三维模型。

① 零维模型：假设燃烧室中气动热力化学参数均匀分布，给定反应物初始条件，可以算出绝热火焰温度和燃烧产物成分，对于非平衡态，还可算出燃烧室中温度、成分随时间的变化率。在燃烧数值模拟中经常采用的均匀反应器模型就是零维模型。

② 一维模型：只考虑燃烧室中气动热力化学参数沿一个方向变化，如一维平面流、一维管流球对称、一维层流火焰的传播、球对称的油滴的蒸发和燃烧过程、一维爆震波的传播等。由于一维计算工作量相对较小，因此一般考虑复杂的多步化学反应。这类模拟虽然比零维模拟给出更多的信息，但是这种模型仍简化了流动、传热与燃烧过程，因此一维模型只为工程应用提供近似的、有用的结果。

③ 二维模型：主要用于二维平面或二维轴对称湍流反应流的数值模拟，其比一维模型更接近实际，计算量小于三维。

④ 三维模型：燃烧室采用真实尺寸或周期性结构进行模拟。基于计算流体力学、计算传热学和计算燃烧学的原理，用数值模拟方法求解非线性质量、动量、能量及组分等守恒偏微分方程组。只有这种模拟才能预测实际燃烧室中流动、传热与燃烧过程的细节，即给出整个流场中各变量的时空分布。但三维计算量较大，因此需要对结构和燃烧过程进行简化，如采用简化的化学反应机理和多相流颗粒相数目设定等。目前，燃烧室工作过程数值模拟包括定常燃烧和非定常燃烧模拟。相对于定常燃烧模拟，由于增加了时间变量，计算工作量大大增加，如燃烧室点火、熄火等瞬变过程。非定常数值模拟常常能给出更加符合实际的结果，能揭示燃烧过程中存在的大涡相干结构。

5.3　燃烧过程数值模拟方法

5.3.1　基本守恒方程组和物理模型

（1）基本控制方程

在连续介质力学范畴内，燃烧过程主要考虑以下控制方程：质量方程、动量方程、能量方程和组分输运方程。如果涉及高压燃烧过程，需要通过气体方程对压力进行描述。

理想气体方程：

由于压力对气体密度影响较大，同时密度项在各个控制方程中均有描述，因此气体状态方程是求解高压燃烧方程中的重要方程。为了确保压力影响的准确性，需要将流体作为可压缩流体。

$$\rho = \frac{p_{op}+p}{RT\sum\limits_i \dfrac{Y_i}{M_{w,i}}} \tag{5-1}$$

式中　p_{op}——操作压力；

　　　p——当地压力；

$M_{w,i}$——组分 i 的分子量；

Y_i——组分 i 的质量分数。

在非可压流体中，p 项不考虑。

质量方程：

根据质量守恒定律，进入控制体的流体净质量流量等于控制体内流体密度的变化率

$$\frac{\partial \rho}{\partial t}+\frac{\partial}{\partial x_i}(\rho u_i)=0 \tag{5-2}$$

式中 ρ——密度；

u_i——i 方向的速度分量；

x_i——i 方向的坐标值；

i——x、y、z 三个方向。

当流体为不可压缩流体时，ρ 为常数，可将上述连续性方程转化为

$$\frac{\partial u_i}{\partial x_i}=0 \tag{5-3}$$

动量方程：

根据动量守恒定律，单位体积流体在某方向上的动量增加率等于在该方向动量进入此控制体的净流入率加上作用于该控制体上单位体积的合力，即

$$\frac{\partial}{\partial t}(\rho u_i)+u_j\frac{\partial u_i}{\partial x_j}=\frac{1}{\rho}\frac{\partial \sigma_{ij}}{\partial x_j}+S_i \tag{5-4}$$

式中 σ_{ij}——黏性应力张量；

S_i——体积力和表面力在该方向上的源项。

$$\sigma_{ij}=-p\delta_{ij}+\mu\left(\frac{\partial u_i}{\partial x_j}+\frac{\partial u_j}{\partial x_i}\right) \tag{5-5}$$

能量方程：

根据能量守恒定律，控制体内能和动能的增加率等于体积力和表面力对控制体所做的功加上控制体从周围环境吸收的热量以及能量源项，即

$$\frac{\partial h}{\partial t}+u_i\frac{\partial h}{\partial x_i}=\frac{1}{\rho}\frac{\mathrm{d}p}{\mathrm{d}t}+\frac{1}{\rho}\Phi+\frac{1}{\rho}\frac{\partial}{\partial x_i}\left(k\frac{\partial T}{\partial x_i}\right)+S \tag{5-6}$$

式中 Φ——耗散函数；

S——能源源项。

$$\Phi=\frac{\mu}{2}\left(\frac{\partial u_i}{\partial x_j}+\frac{\partial u_j}{\partial x_i}\right)^2 \tag{5-7}$$

组分输运方程：

根据组分质量守恒定律，控制体内某组分质量的增加率等于控制体内该组分的净增加率加上该组分的净生产率，即

$$\frac{\partial m_f}{\partial t}+\frac{\partial}{\partial x_j}(u_{mf})=\frac{1}{\rho}\frac{\partial}{\partial x_j}\left(\Gamma_f\frac{\partial m_f}{\partial x_i}\right)+R_f \tag{5-8}$$

（2）湍流模型

目前针对湍流的数值计算主要有三种方法：雷诺时均方程法（RANS）、直接模拟法（DNS）和大涡模拟法（LES）。

直接模拟法不需要任何的模型化和人为的经验参数，直接利用纳维斯托克斯方程（N-S方程）计算各种湍流流动，其主要困难在于所需的计算机资源与现实计算机能力之间的巨大差异，用目前最先进的计算机也只能在 Reynolds 数不大时计算简单流动。

大涡模拟法能够精确地计算大尺度湍流脉动而对小尺度的影响采用建模的方法，但由于该方法计算量相当大，所需计算资源大，目前还不能很好地应用于工程实际中。

相比之下，雷诺时均方程法在工程上已取得了广泛的应用。为了使方程封闭，目前有两类方法。一类是采用 Bousinessq 涡黏性系数假设，即假设

$$-\rho \overline{u'_i u'_j} = 2\mu_T S_{ij} - \frac{2}{3}\rho k \delta_{ij}, \quad S_{ij} = \frac{1}{2}\left(\frac{\partial u_i}{\partial x_j} + \frac{\partial u_j}{\partial x_i}\right) \tag{5-9}$$

式中　μ_T——涡黏性系数；

　　　k——湍动能；$k = \overline{u'_i u'_j}/2$。

由 Bousinessq 假设，μ_T 的表达式如下：

$$\mu_T = \rho v l \tag{5-10}$$

根据计算 μ_T 所需的微分方程数目，又将湍流模型分为零方程、一方程和二方程等不同层次。

另一类是放弃上述涡黏性系数假设，直接建立雷诺应力的微分方程，称为雷诺应力方程模型或二阶矩模型，主要分为微分雷诺应力模型（DRSM）和代数雷诺应力模型。其优点是可以较为准确描述突出回流、钝体回流、旋流、浮力流等复杂流动，具有更广的适用范围、更高的预测能力、更好的计算精度。缺点就是该模型的计算工作量较大。

本文主要介绍基于 Bousinessq 涡黏性系数假设的双方程湍流模型，也是目前燃烧数值模拟中广泛使用的湍流模型。为了求解涡黏性系数，引入湍流动能 k 以及湍流动能耗散 ε，并根据模型假设在方程组中加入 k 以及 ε 方程，由此使得整个控制方程组封闭。

μ_T 的表达式如下：

$$\mu_T = c_\mu \rho \frac{k^2}{\varepsilon} \tag{5-11}$$

$k-\varepsilon$ 方程分为 Standard $k-\varepsilon$、Realizable $k-\varepsilon$ 和 RNG $k-\varepsilon$ 方程，本文主要介绍前两种。Standard $k-\varepsilon$ 模型中 k、ε 的表达式如下：

$$\frac{\partial}{\partial t}(\rho k) + \frac{\partial}{\partial x_i}(\rho k u_i) = \frac{\partial}{\partial x_j}\left[\left(\mu + \frac{u_t}{\sigma_k}\right)\frac{\partial k}{\partial x_j}\right] + G_k + G_b - \rho\varepsilon - Y_M + S_k \tag{5-12}$$

$$\frac{\partial(\rho\varepsilon)}{\partial t} + \frac{\partial}{\partial x_j}(\rho\varepsilon u_j) = \frac{\partial}{\partial x_j}\left[\left(\mu + \frac{\mu_t}{\sigma_\varepsilon}\right)\cdot\frac{\partial\varepsilon}{\partial x_j}\right] + C_{1\varepsilon}\frac{\varepsilon}{k}(G_k + C_{3\varepsilon}G_b) - C_{2\varepsilon}\rho\frac{\varepsilon^2}{k} + S_\varepsilon \tag{5-13}$$

式中　　　G_k——速度梯度产生的湍流动能，$G_k = \mu_t S^2$；

　　　　　G_b——浮升力产生的湍流动能，$G_b = -g_i\frac{\mu_t}{\rho pr_t}\frac{\partial\rho}{\partial x_i}$；

　　　　　Y_M——可压缩湍流脉动膨胀对总耗散率的影响；

$C_{1\varepsilon}$、$C_{2\varepsilon}$、$C_{3\varepsilon}$——经验常数；

　　　σ_k，σ_ε——k，ε 的湍流普朗特数；

　　　　S_ε，S_k——自定义的源项。

其中为了更好地拟合实验结果，Pope，S.B 等将 $C_{1\varepsilon}$ 由初始值 1.44 改为 1.6 来消除圆形

射流/平面射流的模拟结果与实验结果的偏差。

由于 Stand k-ε 方程模型在强旋流、射流等领域的流动模拟误差较大，因此一般采取另外两种方程。其中 RNG k-ε 模型能够模拟旋流、分离流、二次流及射流撞击等复杂流动。而 Realizable k-ε 模型则建立了一个可变涡黏性公式和一个新的模型耗散率方程，模型耗散率方程基于高湍流 Reynolds 数下的涡脉动均方差动力学公式，涡黏性方程则基于可变性约束、湍流剪切应力的 Schwarz 不等性和雷诺正应力的正性；该模型在对旋流各向同性剪切流动，包含混合层、圆射流的自由边界层剪切流动，以及在有无压力梯度的平板边界层流动等情况的模拟中，都优于 Standard k-ε 模型。

Realizable k-ε 模型中 k、ε 的表达式如下：

$$\frac{\partial}{\partial t}(\rho k)+\frac{\partial}{\partial x_i}(\rho k u_i)=\frac{\partial}{\partial x_j}\left[\left(\mu+\frac{\mu_t}{\sigma_k}\right)\frac{\partial k}{\partial x_j}\right]+G_k+G_b-\rho\varepsilon-Y_M+S_k \tag{5-14}$$

$$\frac{\partial(\rho\varepsilon)}{\partial t}+\frac{\partial}{\partial x_j}(\rho\varepsilon u_j)=\frac{\partial}{\partial x_j}\left[\left(\mu+\frac{\mu_t}{\sigma_\varepsilon}\right)\cdot\frac{\partial\varepsilon}{\partial x_j}\right]+\rho C_1 S\varepsilon-\rho C_2\frac{\varepsilon^2}{k+\sqrt{v\varepsilon}}+C_{1\varepsilon}\frac{\varepsilon}{k}C_{3\varepsilon}G_b+S_\varepsilon \tag{5-15}$$

式中 $C_1=\max\left[0.43,\ \frac{\eta}{\eta+5}\right]$，$\eta=S\frac{k}{\varepsilon}$，$S=\sqrt{2S_{ij}S_{ij}}$；

G_b——浮升力产生的湍流动能；

S_ε——自定义的源项；

σ_k，σ_ε——k，ε 的湍流普朗特数；

v——动力黏度；

$C_{1\varepsilon}$，$C_{2\varepsilon}$，$C_{3\varepsilon}$——常数。

模型常数 $C_{1\varepsilon}$、$C_{3\varepsilon}$ 在考虑浮力影响时通常根据实际情况由经验关系式计算得出，而参数 C_2 则可以根据实验结果进行优化校正，其默认值为 1.9。

（3）燃烧模型

由于工程中遇到的燃烧大多数是湍流燃烧，而湍流燃烧数值模拟的核心问题就是湍流反应速率的封闭问题，湍流反应速率主要受湍流混合、分子输运以及化学动力学三种因素影响。目前已经提出了一系列湍流燃烧相互作用模型，主要有关联矩模型、Arrhenius 公式、EBU 模型（Eddy-Break-up Model）、快速反应模型、特征时间模型、简化 PDF 模型以及 PDF 输运方程模型。

① 关联矩模型

时均反应率如下所示：

$$\overline{\omega_s}=f(\overline{Y_1},\ \overline{Y_2},\ \overline{Y},\ \overline{Y'^2},\ \overline{Y_1^2},\ \overline{Y_1'Y_2'},\ \overline{Y_1'T'},\ \overline{Y_2'T'}\cdots) \tag{5-16}$$

相关 $\overline{Y'^2}$，$\overline{Y_1'Y_2'}$，$\overline{Y_1'T'}$ 等是新的未知数，需要进行模型。

Arrhenius 公式

简化化学反应系统，只考虑化学反应动力学的影响，不考虑湍流混合、分子输运两方面的因素表示如下：

$$\overline{R_{fu}}=-A\rho^2\ \overline{m_{fu}}\overline{m_{ox}}\exp(-E/R\overline{T}) \tag{5-17}$$

② EBU 模型（Eddy-Break-up Model）

假设化学反应速率取决于未燃气微团在湍流作用下破碎成更小微团的速率，突出湍流混合对燃烧速率的控制作用，缺点是未能考虑分子输运和化学动力学因素，模型过于粗糙，公式表示如下：

$$\overline{R}_{fu,T} = -C_{\text{EBU}}\rho\ \overline{m}_{fu}\left|\frac{\partial\overline{u}}{\partial y}\right| \tag{5-18}$$

③ 快速反应模型

假设化学反应速率与湍流混合(扩散)速率相比无穷大，即湍流燃烧过程由燃料与氧化剂，或已燃气体与未燃气体的混合过程控制。主要分为反应面模型、$k-\overline{\varepsilon}f$ 模型、$k-\varepsilon-\overline{g}$ 模型。

$k-\overline{\varepsilon}f$ 模型假设燃料与氧无论在同一时间还是同一空间内均不共存，即存在二者浓度均为零的反应面或火焰面。

混合物分数 f 的时均值方程如下：

$$\frac{\partial}{\partial t}(\rho\ \overline{f}) + \frac{\partial}{\partial x_j}(\rho U_j\overline{f}) = \frac{\partial}{\partial x_j}\left(\frac{\mu_e}{\sigma f}\frac{\partial\overline{f}}{\partial x_j}\right) \tag{5-19}$$

④ 特征时间模型

由化学反应引起的某种质量分数的变化率

$$\frac{\mathrm{d}Y_{\text{m}}}{\mathrm{d}t} = \frac{Y_{\text{m}} - Y_{\text{m}}^*}{\tau_{\text{c}}} \tag{5-20}$$

$$\tau_{\text{c}} = \tau_1 + f\tau_t \tag{5-21}$$

式中 Y_{m}——物质 m 的质量分数；

       Y_{m}^*——质量分数的瞬时热力平衡状态质量分数；

       τ_{c}——到达平衡的特征时间；

       τ_1——层流时间尺度；

       τ_t——湍流时间尺度；

       f——延迟系数。

⑤ 简化 PDF 模型

PDF 模型：

反应速率是热力学状态量 ρ、T 和各组分质量分数的非线性函数，而这些量的随机脉动对平均反应速率有强烈的影响，因此考虑采用概率统计的方法来描述。通过概率密度函数(PDF)可以得到平均反应速率的表达式

$$R_{fu} = \int R_{fu}(\rho,\ TY_j)P(T,\ Y_j)\,\mathrm{d}\rho\mathrm{d}T\mathrm{d}Y_j \tag{5-22}$$

而确定 PDF 的方法可以分为简化 PDF 和 PDF 输运方程两种。

简化 PDF 模型：

假设输运变量脉动的概率密度函数的具体形式，通过确定其中的一些待定参数获得概率分布。目前常采用的分布为：δ 分布、β 函数以及截尾 Gauss 分布。

以目前比较流行的层流小火焰模型(Flamelet Model)为例，其基本原理是把湍流扩散火焰看成是无数个层流扩散小火焰组成的涡团。湍流与化学反应相互作用的问题可以分成两部分：①按照守恒标量定义进行准温度一维层流扩散小火焰结构的计算；②湍流火焰中该结构出现的概率分布。

基本思路是把整个燃烧场看成是随机分布的小火焰的集合，从组分和焓的守恒方程入手，引入非平衡参数——瞬时标量耗散率(考虑流动的影响)，利用混合百分数的守恒方程

得出小火焰结构，再从整体上考虑综合概率密度函数，从而得到湍流燃烧过程中各瞬时值在整个燃烧区域内的统计行为。

⑥ PDF 输运方程模型

直接求解关于概率密度函数 PDF 的输运方程，求出所有有关流动与燃烧的参量。优点是取消了其他模型的假设前提。对于守恒方程中的对流项、非线性化学反应项、平均压力项可以精确处理。同时可以提高流场的完整信息，模拟着火、熄火、湍流燃烧和排放污染物生成过程。

（4）辐射模型

为解决燃烧过程中的辐射传热问题，需要引入辐射传热模型求解辐射方程。基本控制方程如下：

$$\frac{\mathrm{d}I_\lambda}{\mathrm{d}l} = -(K_{a,\lambda} + K_{s,\lambda})I_\lambda + K_{a,\lambda}I_{b,\lambda} + \frac{K_{s,\lambda}}{4\pi}\int_0^{4\pi}I_\lambda\mathrm{d}\Omega \tag{5-23}$$

式中，$K_{a,\lambda}$ 和 $K_{s,\lambda}$ 分别是介质对波长 λ 的波的光谱吸收和散射系数，$\mathrm{d}\Omega$ 是微元体和周围辐射换热的微元空间角。辐射能量交换方程中的角积分近似地用数值求积算出。

辐射模型主要分为以下四类：离散坐标 DO（Discrete Ordinates）模型、P1 辐射模型、多表面辐射模型及离散传播辐射模型 Discrete Transfer（DTRM）。

DO 模型通过传递方程将能量方程变换成从空间中一个点向空间中各方向辐射能量，空间方向决定了能量传递方程的个数，途径与求解流体流动和能量方程相同。DO 模型的适用范围包括所有的光学厚度，不管是面面间的辐射还是燃烧空间辐射问题都可以解决，同时适用于半透明的介质。其表达式如下所示：

$$\nabla \cdot [I(\vec{r}, \vec{s})\vec{s}] + (a + \sigma_s)I(\vec{r}, \vec{s}) = an^2\frac{\sigma T^4}{\pi} + \frac{\sigma_s}{4\pi}\int_0^{4\pi}I(\vec{r}, \vec{s}')\Phi(\vec{r}, \vec{s}')\mathrm{d}\Omega' \tag{5-24}$$

式中　α——光谱吸收系数；

　　　λ——光波波长。

P1 模型在所有 P-N 辐射模型里是最简化的，对比 DTRM 模型，其优点在于计算量更小，且包含散射效应。当燃烧计算域的尺寸比较大时，P1 模型非常有效。另外 P1 模型可应用在较为复杂的计算域中。P1 模型假设所有物体都是黑体，辐射壁面角度都为 90°，其表达式如下所示：

$$q_r = -\Gamma\Delta G \tag{5-25}$$

$$\Gamma = \frac{1}{a(a-\sigma_s)-c\sigma_s} \tag{5-26}$$

G 的输运方程：

$$\nabla(\Gamma\Delta G) - aG + 4a\sigma T^4 = 0 \tag{5-27}$$

$$-\nabla q_r = aG - 4a\sigma T^4 \tag{5-28}$$

$$\nabla(\Gamma\Delta G) + 4\pi\left(a\frac{\sigma T}{\pi} + E_p\right) - (a+a_p)G = 0 \tag{5-29}$$

式中　a——吸收系数；

　　　G——入射辐射；

　　　σ——Stefan-Boltzmann 常数；

　　　s——扩散辐射；

　　　C——线性异性相位函数系数。

多表面辐射模型则是最为简化的辐射模式，只能应用于大尺度辐射计算，其优点是速度最快，所需内存最少。

DTRM 模型的优点是简单，且可以适用的计算对象的尺度范围较大，缺点是没有包含散热，且不能计算非灰体的辐射。提高辐射模型中射线的数量可以提高 DTRM 模型的精度，但计算量也会相应增加。

5.3.2　求解域和守恒方程的离散化

控制燃烧过程的基本守恒方程组是高度非线性的、相互耦合的，必须要用数值方法求解，包括求解域的离散化、守恒方程的离散化以及离散方程的求解方法。

求解域的离散化是守恒方程离散化的基础。所谓求解域的离散化就是把连续变化的求解域用有限个网格节点组成的网格系统代替。网格中的节点就是所求物理量的几何位置。网格一般分为结构式网格和非结构式网格。所谓结构式网格，其中任一节点的位置可以通过一定规则予以命名。对于几何形状比较简单的燃烧室通常采用结构式网格。结构式网格对于几何形状规则的燃烧室可采用直角坐标、圆柱坐标或球坐标生成的网格；对于具有曲边的燃烧室可采用曲线坐标系生成的网格；对于有多连通域的燃烧室，可采用由若干单连通域结构化网格组成的复合网格，在计算时各子区交界处通过一定方式交换信息。在非结构式网格中，节点的位置无法用一个固定的法则予以有序的命名。非结构式网格几何适应能力很强，但计算时收敛速度较慢。

守恒方程的离散化就是将微分方程离散为代数方程。守恒方程离散化的主要方法为有限体积法和有限元法。对于燃烧过程数值模拟通常采用有限体积法。离散格式很多，如迎风格式、中心差分格式、高阶差分格式、显式和隐式等。离散格式影响求解精度、收敛性和计算速度。

对边界条件进行离散化处理。对于一般性开口计算域，边界类型包括进口边界、固体边界、对称边界及出口边界四种。除出口边界外，其他三种边界的数值处理已有定论。出口边界的处理方法尚不统一。

5.3.3　离散方程的求解方法

离散方程的求解方法包括算法和求解器。对于燃烧问题算法有两大类，一类是以压力为基础的算法，通过连续方程求压力，由状态方程求密度。目前，最常用的就是 Spalding 和 Patankar 教授发展的 SIMPLE（Semi-Implicit Method for Pressure-linked Equations）。另一类就是以密度为基础的算法，通过连续方程求密度，由状态方程求压力。

离散方程的求解器很多，对于燃烧问题求解器有两大类：一类是守恒方程顺序迭代求解法，SIMPLE 算法就是采用这种求解方法。往往用三对角矩阵法（TDMA，追赶法）逐线迭代、逐面迭代及低松弛。另一类就是耦合求解法，这种求解方法基于对守恒方程联立求解。在非结构网格化网格上所形成的代数方程组的系数矩阵不像结构式网格那样有规则，代数方程求解一般采用点迭代法或共轭梯度法。

5.4　燃烧过程数值模拟软件

随着计算流体力学（CFD）和计算燃烧学（CCD）的发展，目前已出现许多有关计算流体力学和计算燃烧学的软件。其中有开源免费软件、商业软件以及个人或单位自行开发的内部专用软件。以下介绍几款典型的开源软件。

5.4.1　OpenFOAM

OpenFOAM 的前身为 FOAM（Field Operation and Manipulation），1989 年由 Henry Weller 等编写。2004 年被 Nabla 公司购买并作为一款商业软件推广但未开源。随后 Henry Weller 和 Hrvoje Jasak 创办了各自的公司对 FOAM 开源化并发行。OpenFOAM 从 2004 年的 OpenFOAM 1.0 版本到 2017 年的 OpenFOAM 5.0 版本，在此期间软件经过了 26 次升级与更新。

OpenFOAM 是一个完全由 C++编写，在 linux 下运行，面向对象的计算流体力学（CFD）类库。其与商用 CFD 软件 Ansys Fluent、CFX 类似，但其为开源的，对于偏微分方程采用有限体积离散化。支持多面体网格（比如 CD-adapco 公司推出的 CCM+生成的多面体网格），因而可以处理复杂的几何外形，其自带的 snappyHexMesh 可以快速高效的划分六面体和多面体网格，网格质量高。支持大型并行计算，针对 OpenFOAM 库的 GPU 运算不断优化。

OpenFOAM 软件由四大模块组成：核心求解器、前处理、运算和后处理。

（1）核心求解器

核心求解器是该软件的精髓，主要的编程工作都是在此进行，用来解决相关的计算流体力学问题，例如，解决固体的热扩散、固体应变、不可压缩与压缩流动、多相流、化学反应、燃烧、分子动力学以及电磁场等等。求解器代码是软件外层的代码，包括了对相关物理场、物理量以及模块的调用。

（2）前处理

前处理过程主要包括生成网格以及定义网格初始边界条件，选择物理模型并设定物理参数，设定方程求解方法以及离散格式。上述操作主要在三个文件夹中设定：0 文件夹、constant 文件夹和 system 文件夹。0 文件夹用来设定初始边界，包括气相和固相的压力边界、温度边界、速度边界以及各组分的初始浓度等；constant 文件夹用于设定相关模型并给定模型中相关热物性参数，包括燃烧模型选择及其参数设定等。其次，该文件夹也包括对初始网格的设定，例如 OpenFOAM 自带的网格生成工具 blockMesh；system 文件夹主要用于求解控制的设定，也包含方程求解方法和离散格式的选择等。此外，其他辅助工具，例如非结构化网格工具 snappyHexMesh，并行结构划分工具 decomposePart，额外燃料入口设置工具 topoSet 等也在该文件夹中。

（3）运算

运算过程就是输入一系列的命令，完成前处理过程之后，调用求解器，进行工况的运算。

（4）后处理

后处理过程就是分析运算过程，包括温度场、速度场和压力场等等。主要是通过软件自带的 paraFoam 模块，并在可视化软件 ParaView 中进行后处理操作，也可以将数据导出通过其他专业软件进行处理，例如较为常见的数据处理软件 Tecplot。

OpenFOAM 包含大量求解器，其自带了标准求解器：①icofoam，用于求解层流下的单相牛顿流体流动；②simpleFoam，求解单相牛顿以及非牛顿湍流流动；③interFoam，牛顿和非牛顿流体的 VOF 模型求解。同时，用户可以根据自己需求调用内置的求解器模块并进行修改和编译需要的求解器，其功能包括：

（1）可以求解不同类型的问题：可压缩、不可压缩流体问题，两相多相流动问题，水利和船舶等各个专业相关问题。

（2）提供多种数值格式，以及不同的边界条件。

（3）附带后处理程序 ParaView，拥有强大的图像数据处理功能，同时支持计算结果输出，支持多种格式，由常用商业软件进行后处理，比如 Tecplot 等。

（4）支持多种网格转换，用户可以将多种流行的商业软件产生的网格格式转化为 Open-FOAM 网格格式；并且带有多种工具，可以仿真数据转化成常用的商用格式，比如 IGES、STP、MSH 等标准格式。

（5）能够进行强大的并行计算，线性扩展性多达 1000 核。

（6）最重要的就是高度向量化核模块化 C++ 代码，注重运算速度及性能的编码风格。

相较于一般商业 CFD 软件，其具有很多优势：

（1）开源 CFD 计算工具包，OpenFOAM 支持代码开放，用户可以根据需求编译文件，使程序开发更具自主性。

（2）C++ 面向对象编译，用 C++ 编译单个能够起到子程序作用的单元或对象，程序开发过程更具重用性、灵活性和扩展性。

（3）模块化编程思想，由程序风格可以看出，OpenFOAM 是将一个大的软件划分为一系列功能独立的部分，编译后的各部分会合作完成用户计算需要。

（4）任意多面体型非结构化网格，燃烧室复杂结构使得很多地方需要采用非结构化四面体网格，合理的网格类型和计算软件支持能够得到更加精确的计算结构。

（5）区域分解并行计算技术，燃气轮机燃烧室 LES 模拟计算量巨大，OpenFOAM 支持强大的并行计算，采用多个处理器联合求解燃烧室内湍流及化学反应问题，大大缩短 CFD 计算时间。

（6）强大的辅助应用程序库，OpenFOAM 包含多种多样的前处理与后处理程序，自主网格定义和编写，初始条件及边界条件定义，包含强大的后处理程序 ParaView。

在选用或定制求解器及增加对应计算过程的基础上，OpenFOAM 可用于流动、传热、燃烧等复杂现象的模拟。

（1）多相流方面的研究进展

OpenFOAM 中采用了 LES 及 Spalart–Allmaras 两种湍流模型，有效预测了圆柱绕流问题中"卡门涡街"的形成及涡的脱落过程。基于 OpenFOAM 中 interPhaseChangeFoam 这一求解含相变过程的不可压、不可溶流体流动求解器，实现了对喷嘴喷射近场内空穴流动及外部射流雾化过程的有效模拟。

（2）燃烧方面的研究进展

基于 OpenFOAM 中自带的燃烧求解器 reactingFoam，国内进行了定容燃烧系统下甲烷掺氢后的燃烧特性，系统分析了掺氢比、指前因子、活化能等参数对于燃烧的影响，有效反映混合气体掺氢燃烧的过程。对于燃油雾化这一复杂的湍流流动过程，OpenFOAM 结合 LES 方法进行了模拟。

（3）流体模拟算法方面的研究进展

OpenFOAM 有自带的流体体积函数方法（VOF），用户可以基于该算法针对具体问题对求解器进行定制。基于 VOF 算法，考虑气泡尾流对于气泡最终速度的影响，来引入新的两相阻力模型，提高泡状流动计算程序的准确性。考虑压缩性和相溶性问题，采用界面捕捉方法 Level Set 来弥补 VOF 算法中界面尖锐的问题。考虑相变影响，interFOAM 模型有效模拟了液蒸发问题。

5.4.2 KIVA

kiva 是美国 Los Alamos 国家实验室在能源部（DOE：Department of Energy）燃烧研究项目资助下开发的一个计算程序，主要用于模拟实际燃烧装置中的空气流动、燃油喷雾和燃烧过程。起初开发此程序的目的是模拟内燃机，此后此程序也可用于燃气轮机、工业炉和加热器等燃烧装置的模拟。kiva 最初的程序来源于应用在核武器设计的计算程序。Bulter 开发了一个主要用于氢氟化学激光系统（H-F：Hygrogen-Fluorine）反应流体动力学计算程序，在能源危机下，汽车发动机高效清洁燃烧的问题凸显，Bulter 提出 HF 程序可适用于内燃机中的反应流动问题的模拟。经过多年的完善与发展，已经商业化的 kiva 系列源程序给从事燃烧过程的数值模拟研究者提供了一个现成的框架和基础。它不仅是理解燃烧和排放物生成的有用工具，也可用于新发动机的概念设计，其实用性大大增加。

kiva 程序主要是用于计算各种内燃机燃烧流动过程的多维大型通用程序，是一个用于科学研究的实验性程序，而并非用于生产开发的商业化程序。因此，使用 kiva 程序需要具备计算流体力学、两相流、化学反应动力学和数值方法等学科领域的基础知识以及计算方面的经验。

kiva3v 采用 fortran77 语言编写，其子模型的特点和功能如下：

（1）计算网格

kiva3v 采用块结构化的任意六面体计算网格，可以构造较为复杂的流动计算区域。计算时网格可以任意运动并能进行网格的重整（rezone）来调节网格的疏密程度，所以非常适合于内燃机这种做往复式运动的流场的计算。气阀模型使得 kiva 程序可以模拟完整的四冲程发动机工作循环，涉及气体流动、喷油、传热、燃烧和废气的生成等，几乎包括了发动机工作过程中的所有物理现象。

（2）流场计算和湍流模型

kiva3v 的流场计算是基于 ALE 法，在空间上对扩散项采用中心差分格式离散，对对流项采用二阶迎风格式离散，在时间上使用显隐结合的方法兼顾 Eulerian 和 Langrangian 两种计算方法。程序中提供了两种湍流模型，一种是标准的 $k-\varepsilon$ 模型，但作了压缩性修正，其 ε 方程中考虑压缩性的附加项系数取为 $C_{\varepsilon3} = -1.0$，但在对流项计算中，用湍流积分尺度 l 代替了对流项，以提高 epsilon 计算精度。边界层的动量和能量的传递采用经修正的双层壁函数。另一种是重整化群 $k-\varepsilon$ 模型（RNG：Renormalization Group），与前者基本相同，不同点在于 ε 方程中增加了一项以考虑平均拉伸应力和流体压缩性的影响，该项的系数和前面提到的 $C_{\varepsilon3}$ 均为流体变形速率的函数，这样使得模型的使用范围更广。

（3）喷雾模型

kiva3v 的燃油喷雾模型仅为 kiva 雾的基础上增加了油膜流动模型，但总的来说，kiva 采用的离散液滴模型（DDM：Discrete Droplet Model）仍然是目前其他类似程序中所采用的 DDM 模型的标准形式。该模型纳入了关于初始滴径随机分布，液滴的湍流扩散、液滴的相互碰撞、聚合和液滴破碎等子模型。喷雾模型是 kiva 程序中最薄弱的部分，缺乏射流和液膜雾化方面的子模型，更加上 DDM 模型本身对网格的依赖性，因此其为 kiva 所急需解决的问题。

（4）化学反应及燃烧模型

Kiva3v 和 Kiva Ⅱ 一样采用部分平衡流方程模拟燃料的氧化和污染物的形成。所谓部分平衡流是将全部化学反应分为平衡反应和动力学反应两类，前者反应速度很快，可认为总是处于化学平衡状态，如某些组分的离解反应；后者进行的较慢，则按化学动力学处理，采用 Arrhenius 类型的公式计算其反应速率，比如燃料的氧化和 NO 的形成，并采用部分隐式格式求解。程序中提供了两种求解化学平衡隐式方程组的方法。一个是烃燃烧的快速代数解法，另一个是用于更一般情况的迭代解法。Kiva3v 考虑了湍流对平均化学反应率的影响，增加了湍流混合的漩涡破碎模型（Eddy Breakup Model）。

自 Kiva3 开始，前、后处理模块从 Kiva 主程序中分离出来，整个程序构成分为三个相互关联的部分：①k3prep，前处理器，生成计算网格；②Kiva3v，求解器；③k2post，后处理器，显示流场图形。

5.5 燃烧过程数值模拟的应用

数值模拟在燃烧领域的应用已经十分广泛，数值模拟逐渐成为研发锅炉燃烧器以及各种动力装置燃烧室的常用方式。

以天然气柔和燃烧锅炉为例，燃烧器的主要形式可以分为逆流式、交叉式。针对逆流式的天然气锅炉，北京大学的米建春等展开了一系列相关模拟研究。为了研究 20kW 负荷下回热炉中空燃动量比以及空气/燃料预混均匀性对柔和燃烧特性的影响，他们采用 CFD 软件进行模拟计算，节省了实验成本。湍流模型和壁面模型分别采用的是 standard $k-\varepsilon$ 湍流模型和 standard wall 模型，燃烧模型采用的是 EDC（Eddy Dissipation Concept）反应模型，反应机理为 GRI-3.0 反应机理。采用 DO 辐射模型，辐射率计算采用 WSGGM（Weighted Sum of Gray Gas Model）。压力速度耦合采用 SIMPLE 算法处理，其余控制方程采用二阶迎风格式，求解器为分离隐式稳态求解器。模拟结果的收敛标准为能量和 DO 强度的残差小于 10^{-6}，而其余方程的残差小于 10^{-5}。为了更好地模拟锅炉壁面散热情况，将壁面温度始终设为 1320 K。模拟结果显示柔和燃烧的发生需要反应物的初始动量达到一定限度，否则无法实现柔和燃烧。同时也通过模拟进行了锅炉燃烧器的结构优化，确定最优的燃料、空气喷嘴口径及喷嘴间距。另外 Li Pengfei 等还针对天然气柔和燃烧锅炉中燃料/空气的掺混模式进行了 CFD 数值模拟，通过改变钝体在预混腔内的位置来实现完全预混、部分预混以及非预混三种模式，通过 EDC 燃烧模型和 GRI-3.0 的反应机理很好地反映了不同燃料/空气掺混模式下组分浓度场和温度场的差别。

Vaibhav K. Arghode 等针对 $53 \sim 58$ MW/（$m^3 \cdot atm$）热强度下反向交叉射流型锅炉燃烧器的柔和燃烧特性进行 CFD 冷态模拟研究，通过分离隐式稳态求解器对炉膛流场进行计算，并采用 SIMPLE 算法用于压力速度耦合求解，湍流模型选取的 Reynolds Stress 模型，模拟的速度场与实验 PIV 测量获得的速度分布基本一致。

Tu Yaojie 等则针对天然气柔和燃烧锅炉在 O_2/N_2、O_2/CO_2、O_2/H_2O 三种环境下的燃烧特性进行 CFD 数值模拟分析，湍流模型是 modified standard $k-\varepsilon$ 模型，将 C_1 由初始 1.44 改为 1.6，为了更好地模拟湍流波动，采用了大涡模拟，反应机理仍然使用 GRI-3.0，辐射模型为 DO 辐射模拟，模拟结果显示了 CO_2 或 H_2O 稀释相比 N_2 环境下更有助于柔和燃烧的实现。

CFD 数值模拟的好处不仅在于帮助使用者深入了解燃烧过程，同时还能帮助使用者进行结构优化。Li Pengfei 等针对预混型柔和燃烧锅炉中喷嘴出口面积、热负荷以及稀释比例对柔和燃烧特性的影响进行了研究，采用 standard k-ε 湍流模型和 standard wall 壁面模型，燃烧模型和辐射模型分别为 EDC 反应模型和 DO 辐射模型，壁面温度始终为 1200 K，模拟结果显示：只要雷诺数超过临界雷诺数时，不管喷嘴出口面积、热负荷以及稀释比例如何变化，稳定的柔和燃烧均能实现。Tu Yaojie 等针对燃烧室的形状进行了优化模拟，针对 0.58 MW 热负荷天然气锅炉，采用 EDC 燃烧模型和 P1 辐射模型对炉膛形状(炉膛侧壁面与炉膛底部的角度 α)进行数值模拟，模拟结果表明 α 越大，炉膛内烟气回流越强，温度梯度越小，越容易实现柔和燃烧。

除了商业软件 CFD 的使用，OpenFOAM 同样在天然气锅炉的数值模拟中应用广泛。X. Huang 等利用 OpenFOAM 模拟天然气柔和燃烧锅炉的燃烧特性，模拟结果能够很好地预测到炉膛内的高温区，与实验结果一致。

5.6 数值模拟的流程步骤

经过了多年的探索和研究，数值模拟即多维模拟已取得了成功的经验。数值模拟大致可分成下列若干步骤：

(1) 建立基本守恒方程组

数值模拟的第一步是由流体力学、热力学、传热传质学、燃烧学及热等离子体等的基本原理出发，建立质量、动量、能量、组分、湍流特性等守恒方程组，如连续方程、扩散方程、湍能方程等等，这些方程所构成的联立非线性偏微分方程组不能用经典的分析法，而只能用数值方程求解。单相层流流动的方程组已经很少有争议了。对湍流，特别是湍流两相流，由不同的模拟理论出发，往往基本守恒方程组也不相同，因此，如何构造基本方程组，首先就成为模拟理论的重要部分。

(2) 确定计算域并进行网格剖分

在通用的计算流体力学软件(如 Fluent、OpenFOAM 等)中，模拟所涉及的质量、动量、能量及组分输运方程等方程组一般无须用户重新定义。用户开展数值模拟的第一步一般是流体计算域的抽取及离散化。计算域的选择应在如实反映燃烧室结构特征的同时进行适当的简化，以降低网格生成的难度、提高网格质量、控制网格数量、节省计算成本。对于满足轴对称或周期性对称的流体计算域，可根据其特征进行对称性简化，如将轴对称的三维模型简化为二维模型，或仅对周期性对称模型的最小周期域进行模拟计算等等。确定计算域之后，即可采用适当的网格生成软件对计算域进行离散化处理(即生成网格)。针对三维模型，常用的网格类型包括正六面体网格、四面体网格、多面体网格以及棱柱形网格等等。其中，正六面体网格适用于处理形状比较规则的流体域，具有较快的收敛速度和较低的数值耗散；而四面体网格和多面体网格适用于处理复杂几何，可捕捉燃烧器中较为精细的掺混或旋流结构。

(3) 建立选择模型或封闭方法

写出基本方程组后并非已万事大吉，这些方程组往往是不封闭的，特别是湍流两相流更是如此。例如，动量方程中的脉动关联项(湍流应力项)，能量方程中湍流导热项及辐射项，扩散方程中的扩散项及湍流反应项以及所有方程中相间、相互作用项等都是未知的。解决这一问题，使方程组封闭，就是模拟理论的关键问题。必须由实验事实或物理概念的基本假设出发来构造或选择各个分过程的模型，如湍流流动模型、两相流模型、湍流气相反应模型、辐射换热模型、污染物生成模型等等。

（4）确定边界条件

数值模拟的第二步是必须按给定的几何形状及尺寸，由问题的物理特征出发，确定计算域并给定该计算域进出口，轴线（或对称面）及各边壁或自由面的条件。对湍流两相流需分别给出各相的各变量的时均值及脉动值的各边界条件。正确给定边界条件是十分重要的。边界条件是否合理往往也是数值模拟成败的关键问题之一，而边界条件的给定往往有很大难度。例如，如何正确给定湍流动能或湍流各应力分量在进口壁面或自由面处的值，如何给定颗粒速度及浓度在壁面处的条件，以及强旋流或强回流的有限长度域内出口尚未达到充分发展流时，如何给定出口条件等等。

（5）建立离散化方程

用数值法求解偏微分方程组，必须将该方程组离散化，湍流两相流动常用的离散化方法是差分方法。建立差分方程可用 Taylor 级数展开或者在控制单元内积分，这时需选定一定的差分格式，如中心差分、上风差分、乘方定律差分等。当然也可用其他离散法，如有限元或有限分析法等。

（6）制定求解方法

对单相流动差分方程组已经有各种不同的求解方法。仅以 Spalding-Patankar 学派倡议的方法而言，抛物型问题（边界层、射流、管流等）有 GENMIX 前进积分算法；对椭圆问题（回流流动等）有涡量-流函数算法、压力速度修正算法（SIMPLE 系列解法）等。后者往往用对三角矩阵法（追赶法）、逐线迭代及低松弛。针对湍流两相流和有反应的流动又有一些专门的解法，如 PSC、IPSA、GEMCHIP、PCGC-2、LEAGAP 等等。

（7）研究计算技巧

除上述基本解法外，还要针对具体问题特点，研究一些计算方法的细节或称计算技巧。例如对于合理而经济的网格划分与安排，有时要选择随过程的空间或时间而浮动的网格系，以便不抹掉物理特征而又较为经济。又如对不规则形状边界的处理，松弛系数的选择，以及迭代扫描方法等都要研究计算技巧。对湍流两相流必须探讨两相间迭代以及反应和流动间迭代的最佳步骤，颗粒相连续性的校正、轨道积分方法等。

（8）编写计算程序

下一步是按照一定的程序结构安排，由上述差分方程及求解方法出发，编写主程序及各子程序，使之具有通用性和灵活性，便于应用和做必要的改动。此时需给出变符号表及使用说明。湍流两相流的程序往往比单相流的标准程序更为复杂得多，子程序要多几倍。

（9）调试程序

所谓调试指的是通过初步的上机计算消除程序编制中的各种偶然及系统的错误，包括算法上的错误，使程序能正常运行，给出收敛而初步合理的结果。这就是通常所讲的"把程序调通"。据实践经验可知，总体程序中往往单相流场程序是最关键的部分。程序的调试犹如一台复杂的测量仪器的调试一样，常常是十分艰巨的，也是相当细致而艰苦的工作，需要通过反复的计算实践，逐步找出各种错误，才能最后调试成功。

（10）模拟与实验的对比

一旦程序调试成功后，可以对各种工况进行大量的模拟计算，得到一批变量场的预报结果。此后必须将这些模拟预报结果和变量场的量测结果，特别是精确的激光量测结果进行对照，以便评价本模拟理论及方法的优缺点及可靠性。对湍流两相流不仅有流体（气体）场的对照，还应当有颗粒各种场的分布对照。

（11）改进模型及解法

改进模型及解法对现存的模拟理论及方法作出全面评价之后，应根据其不足之处进一步加以改进，或提出新的理论及方法，直到获得相对较为满意的结果为止。

上面所概括的就是数值模拟的全过程。由此可见，发展数值模拟，特别是湍流两相流的数值模拟，绝非仅仅是计算方法和计算技巧问题（当然此二者也很重要），它包含一整套物理过程的理论基础，也包括深入细致的实验量测，即物理模拟。数值模拟的建立乃是反复的理论设想，计算实践与实验量测三者相互校核的最终结果。这样建立的数值模拟才有足够的可靠性，才能立于不败之地而确有实用价值。

为了让读者对燃烧的数值模拟过程有更为直观的认识和理解，下文以美国 Sandia 试验室的标准射流火焰 Flame D 为例，采用商业软件 ANSYS Fluent 18.0 对其流场和火焰结构进行模拟并验证。

Flame D 火焰为轴对称形式的射流扩散火焰，燃烧器中心圆形射流喷嘴内径 $D_{jet}=$ 7.2mm，其外侧包裹一环管，环管上游通过值班火焰产生高温烟气以稳定中心射流火焰，环管外径为 18.2mm。整个装置置于 300 mm×300mm 的风道中，用于隔绝外部空气的扰动。中心主射流燃料为 25%的 CH_4 和 75%的干空气（体积分数）混合物，初始温度为 294K，射流速度为 49.6 m/s。值班环形通道的烟气进口成分包括：$Y_{O_2}=0.0540$，$Y_{CO_2}=0.1098$，$Y_{H_2O}=0.0942$，$Y_{CO}=0.004$，其余成分均为 N_2。烟气进口温度为 1880 K，速度为 11.4 m/s。外侧空气进口温度为 291 K，速度为 0.9m/s。模拟过程包括以下几个步骤：

① 计算域及网格生成

考虑到模型的对称性，该模型被简化为柱坐标系下的二维平面模型，整个计算域及网格的分布如图 5-1 所示。由于模型比较规整，采用 ICEM CFD 的四边形网格对整个计算域

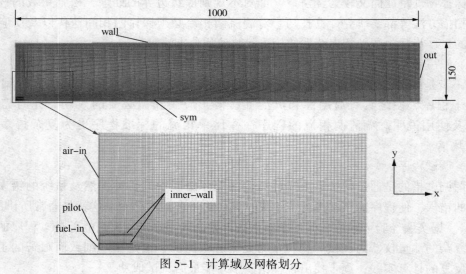

图 5-1　计算域及网格划分

进行了离散化处理。

② 读入网格及模型设置

a. 启动 ANSYS Fluent，在启动界面选择求解 2D 问题，确定并进入软件操作界面。选择 file/read/mesh 读入网格文件。

b. 在左侧模型树中打开 General 设置面板，选择 scale，确认导入模型尺度与实际尺寸匹配(见图 5-2)，随后关闭该窗口。

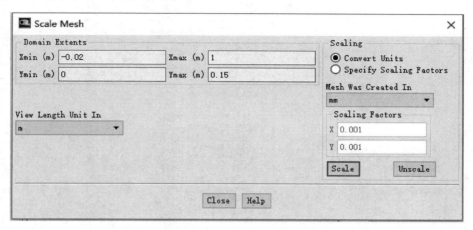

图 5-2　Scale Mesh 设置面板

c. 在中间任务页(Task Page)中选择 General/check 命令对网格进行检查，确认网格不存在问题后，将 Solver 中的 2D Space 选项设置为 Axisymmetric，其余选项均保持为默认，如图 5-3 所示。

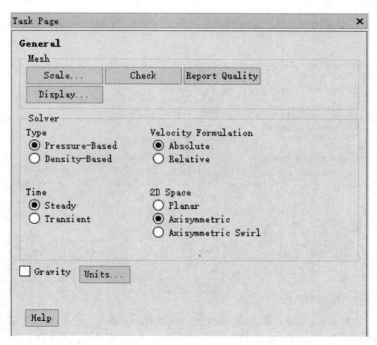

图 5-3　General 任务页设置界面

③ 湍流及燃烧模型选择及设置

a. 在左侧模型树(Tree)页面双击 Models 打开模型设置子菜单，双击 Viscous，在弹出窗口选择 k-epsilon（2 eqn）模型，并激活 Scalable Wall Functions。其余设置均保持默认，如图 5-4 所示。单击 OK 关闭窗口。

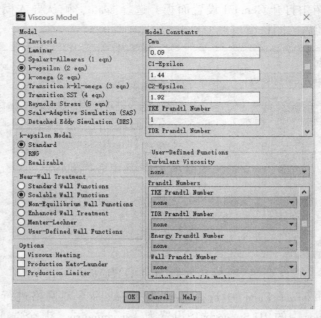

图 5-4　Viscous Model 设置界面

b. 双击 Models/Species，在弹出窗口激活 Species Transport，单击 Import CHEMKIN Mechanism，导入 GRI Mech 2.11 反应机理，如图 5-5 所示。单击 OK 关闭 Species Model 窗口。

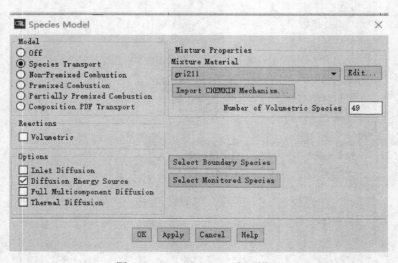

图 5-5　Species Model 窗口设置

c. 燃烧过程中往往伴随较强的热辐射，因此通常需开启辐射传热模型。双击 Models/Radiation，在弹出的 Radiation Model 中激活 Discrete Ordinates（DO）选项即可，见图 5-6。

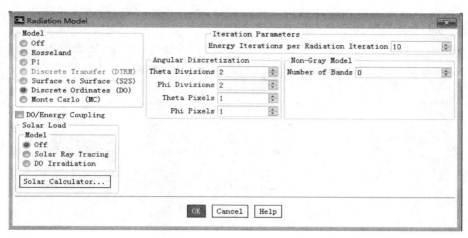

图 5-6　辐射模型设置界面

④ 边界条件设置

a. 在左侧模型树中，双击 Boundary Conditions 打开边界条件设置窗口。

b. 右击 air-in 边界，设置边界条件类型为 velocity-inlet，同时自动弹出边界条件设置窗口，在 Momentum 选项下设置 Velocity Magnitude 为 0.9 m/s；在 Thermal 选项下设置 Temperature 为 291K；在 Species 选项下设置 O_2 的质量分数为 0.233，其余保持默认值 0。单击 OK 按钮，关闭 Velocity Inlet 窗口。

c. 右击 fuel-in 边界，设置边界条件类型为 velocity-inlet，同时自动弹出边界条件设置窗口，在 Momentum 选项下设置 Velocity Magnitude 为 49.6 m/s；在 Thermal 选项下设置 Temperature 为 294K；在 Species 选项下，设置 O_2 的质量分数为 0.1965，设置 CH_4 的质量分数为 0.1564，其余保持默认值 0。单击 OK 按钮，关闭 Velocity Inlet 窗口。

d. 右击 pilot 边界，设置边界条件类型为 velocity-inlet，同时自动弹出边界条件设置窗口，在 Momentum 选项下设置 Velocity Magnitude 为 11.4m/s；在 Thermal 选项下设置 Temperature 为 1880K；在 Species 选项下，设置 O_2 的质量分数为 0.0540，设置 CO_2 的质量分数为 0.1098，设置 H_2O 的质量分数为 0.0942，设置 CO 的质量分数为 0.0040，其余保持默认值 0。单击 OK 按钮，关闭 Velocity Inlet 窗口。

e. 右击 out 边界，设置边界条件类型为 pressure-outlet。单击 OK 按钮，关闭 Pressure Outlet 窗口。

f. 保持 sym 边界为默认 axis 边界(Fluent 在 2D axisymmetric 模式下默认 X 方向边界为对称轴)；其他边界均为默认的 wall 边界。

⑤ 求解器设置

a. 双击 Solution/Methods，检查并确认 Scheme 选项为 SIMPLE 算法，Gradient 选项为 Least Square Cell Based，Pressure 选项为 Second Order，Momentum 选项为 Second Order，Turbulent Kinetic Energy 和 Turbulent Dissipation Rate 选项均为 First Order Upwind（在求解的初始阶段，选择一阶迎风格式具有较快的求解速度），所有的组分求解方法和 Energy 选项均为 Second Order Upwind。

b. 双击 Solution/Monitors/Residual，打开 Residual Monitor 窗口，设置 continuity 的残差收敛标准为 1E-5(见图 5-7)，单击 OK 确定并关闭窗口。

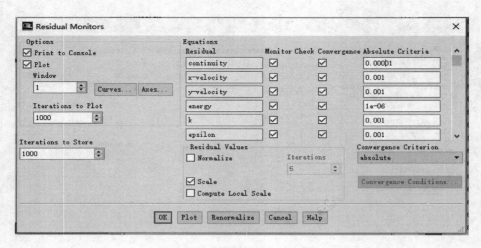

图 5-7　残差收敛标准设置窗口

⑥ 初始化并求解

a. 双击 Initialization 选项，选择 Hybrid Initialization 并单击 Initialize 开始初始化。

b. 初始化完成后，双击 Run Calculation，设置 Number of Iterations 为 500（见图 5-8），单击 Calculate 开始冷态求解。

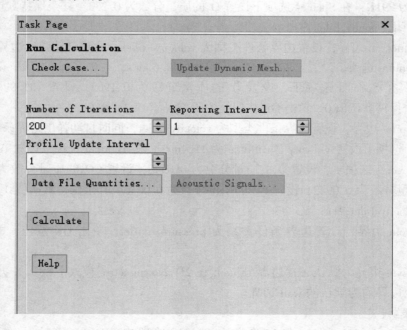

图 5-8　Run Calculation 任务页

c. 迭代完成后，双击 Models/Species，打开 Species Model 窗口，勾选 Reaction 下的 Volumetric 选项打开化学反应计算，随后激活 Turbulence-Chemistry Interaction 目录下的 Eddy-Dissipation Concept 选项（见图 5-9），单击 OK 关闭 Species Model 窗口。

d. 双击 Run Calculation 切换至 Run Calculation 任务页，单击 Calculate 开始热态求解。迭代完成后，为进一步提高精度，双击 Solution/Methods，将 Turbulent Kinetic Energy 和 Tur-

图 5-9　在 Species Model 中打开 EDC 模型

bulent Dissipation Rate 均切换为 Second Order upwind 格式，随后双击 Run Calculation 切换至 Run Calculation 任务页，单击 Calculate 开始进一步热态求解直至计算结果收敛。

⑦ 计算结果处理

双击 Results/Contours，即可弹出云图绘制窗口，在窗口选择需要显示的变量名称和图片格式，单击 Save/Display 即可显示云图分布。本算例计算所得温度场分布如图 5-10 所示。

0   0.2(m)

图 5-10　计算获得的温度场分布

作 业 题

1. 燃烧机理数值模拟通常应用于模拟哪些过程?
2. 试列出燃烧过程数值模拟过程中应用的基本守恒方程组和物理模型。
3. 常用的燃烧过程数值模拟软件有哪些?
4. 数值模拟的流程步骤是什么?

6 燃烧主要有害物的生成机理与控制方法

燃烧有害物产生机理实际就是研究在燃烧过程中产生的CO、炭黑、硫氧化物、氮氧化物、烟尘等污染物的生成机理。与燃烧相关的被指定为环境标准的物质主要有硫氧化物、氮氧化物、CO、粉尘和碳氢化合物。CO_2作为燃烧产生的温室气体，也面临巨大的减排压力。

控制有害物产生的方法就是利用各种化学原理及设备的创新等方法，达到有害物生成量的降低。

研究燃烧有害物的产生机理与控制方法能够让我们有目的地制定措施去预防及降低有害物的产生及增长，减少燃烧对环境的污染。

6.1 燃烧主要有害物的生成机理

6.1.1 CO 的产生机理

CO是大气中分布最广和数量最多的污染物，也是燃料燃烧过程中生成的重要污染物之一。大气中的CO主要来源是内燃机排气，其次是锅炉中化石燃料的不完全燃烧，CO在大气对流层能滞留约半年。

CO是含碳燃料燃烧过程中生成的一种中间产物，最初存在于燃料中的所有碳都能形成CO。燃料热分解也会产生CO。因此，CO的产生途径主要有燃料不完全燃烧和热解两种。燃料不完全燃烧的原因包括：氧气总量不足和局部缺氧，会产生大量CO；燃烧区域温度不够高、存在局部低温区和CO与低温壁面直接接触，导致CO不能发生燃烧反应；CO在燃烧室停留时间不够，如燃烧室容积较小、气体流动短路或点火延迟，气体混合不充分；CO是烃类燃料在燃烧过程中的重要中间产物和不完全燃烧产物。燃料燃烧要经过如下步骤：

$$RH \longrightarrow R \longrightarrow RO_2 \longrightarrow RCHO \longrightarrow RCO \longrightarrow CO$$

其中，RCO自由基生成CO是通过热分解，或通过下列方式实现：

$$RCO + O_2/OH/O/H \longrightarrow CO$$

6.1.2 炭黑的生成机理

炭黑是碳氢化合物在高温缺氧条件下热解产生的炭烟颗粒。炭黑的生成机理非常复杂，其结构属于无定形碳，粒径分布较宽。从不足 $1\mu m$ 到 $100\mu m$。$10\mu m$ 以下的微粒会悬浮在大气中，而且停留时间很长。对人体健康和环境的影响很大。

碳氢燃料燃烧生成粒径为 $10nm$ 以上的微粒的过程分为两个阶段。第一阶段，低分子量不饱和烃是由化学反应形成微粒核的高分子化阶段，产生炭烟核；第二阶段，炭烟核通过聚合、生长形成炭黑微粒。炭黑一旦形成则难以燃尽，往往以黑色炭烟的形式污染大气。燃料与空气混合不充分时燃烧产生的火焰是发光火焰，能够发出可见光和红外线，光谱分析表明火焰内存在游离碳。从火焰中产生的炭烟就是这些游离碳、碳的自由基高分子化后形成的。这个过程与燃烧形态和火焰的发光燃烧有重要关系。即使是预混火焰，燃料过剩也会产生炭烟。燃料的碳氢含量比较高时，更容易产生炭烟。火焰温度较高时，根据化学平衡原理，碳原子难以聚集成炭烟。火焰的光辐射强度较高，但是炭烟在排出火焰前将被氧化。

气相析出型炭黑是气体燃料、液体燃料的蒸发油气和固体燃料的挥发分气体，在空气不足的高温条件下热分解所生成的固体颗粒。颗粒尺寸很小（$0.02\sim0.05\mu m$），聚集成链时，尺寸显著增加。炭黑在火焰中产生，辐射力增强，发出亮光，形成发光火焰。

剩余型炭黑是液体燃料燃烧剩余的固体颗粒，称为油灰。油滴被炉内高温和其周围的火焰加热，产生油蒸气，同时油滴发生聚缩反应，一面激烈地发泡，一面固化，生成孔隙率高的絮状空心微珠，尺寸很大（$10\sim300\mu m$），外形近似球状。重油或渣油燃烧时容易形成剩余型炭黑，而汽油和柴油等易燃油燃烧时不易产生。

雪片形状的烟尘是以炭黑为核心，在烟气温度接近露点温度时，炭黑吸附烟气中的硫酸，长大成为雪片形状的烟尘，又称为酸性烟尘。颗粒尺寸较大，常常会沉落在烟囱附近，且具有很强的腐蚀性。

积炭可以认为是剩余型炭黑的一种，其形成过程是油滴附着在燃烧器和燃烧室壁面，受炉内高温作用，油滴不断汽化而剩下的物质。油滴附着处的形状、附近烟气流动和温度情况不同，积炭的形状不定，但其颗粒尺寸较大。积炭量与燃烧火焰温度，特别是和壁温有着复杂的关系，温度升高，既能使积炭增加，又能使积炭减少，而最终结果主要取决于温度范围。燃油的挥发性、沸点和燃油组成等也对这种积炭有明显的影响。

6.1.3　硫氧化物的生成机理

煤在燃烧期间，所有的可燃硫都会在受热过程中释放出来，在氧化气氛中，所有的可燃硫，均会被氧化而生成 SO，而在炉膛的高温条件下存在氧原子，一部分 SO 会转化成 SO_2。此外，烟气中的水分会和 SO_3 反应生成硫酸气体。硫酸气体在温度降低时会变成硫酸露，形成酸雨。因此了解煤燃烧过程中硫的氧化及 SO_x 的生成过程，不仅有助于控制硫氧化物排放的方法，而且对了解它们对其他污染物如 NO 的生成和控制的影响，以及各种污染物之间生成条件的相互关系很重要。

影响燃煤生成 SO_x 的主要因素包括燃烧温度、燃烧装置中氧气分压大小、燃烧使用的催化剂种类、燃煤中的硫含量等。

6.1.4　氮氧化物的生成机理

NO_x 是 N_2O、NO、NO_2、N_2O_3、N_2O_4 和 N_2O_5 的总称，其中污染大气的主要是 NO 和

NO_2。化石燃料的燃烧而排放出来的氮氧化物（NO_x）已成为环境污染的一个重要部分。NO_x吸收并散射光线，在空气中与光化学氧化剂、颗粒物以及日光发生一系列的复杂反应而形成光化学烟雾，不仅降低能见度，还是一种对眼睛和呼吸道有刺激的物质。NO_x使织物染料褪色，并损害合成纺织纤维，使儿童引起急性气管炎，增加呼吸道疾病发病率。同时NO_x也是引起酸雨的主要物质之一。我国能源以煤为主，燃煤所产生的大气污染物占污染物排放总量的比例较大，其中NO_x占67%。有关资料表明，电站锅炉的NO_x排放量占各种燃烧装置NO_x排放量总和的一半以上，而且80%左右是由煤粉锅炉排放的，因此，能否降低燃煤等矿物燃料燃烧产生的气体污染物NO_x的排放已成为影响能源动力工程等行业可持续发展的关键因素之一。

NO_x的生成量和排放量与燃料的燃烧方式，特别是燃烧温度和过量空气系数有关。了解燃烧过程中NO_x的生成机理十分必要，虽然针对NO_x生成机理和控制技术的研究非常活跃，但目前燃烧过程中NO_x的生成机理还不是十分明确。燃烧产生NO_x的氮来源有两个，一个是燃烧用空气中的氮气，另一个是燃料中的氮。NO_x的生成机理可分为热力型NO_x、燃料型NO_x和快速型NO_x三类。

（1）热力型NO_x是由于燃烧空气中N_2在高温下氧化而产生的。在燃料与空气的化学计量比小于1的火焰（燃料稀薄的火焰）中，NO的生成过程是在火焰带的后端进行，热力型NO_x的生成速率和温度之间的关系按阿伦尼乌斯定律变化，即随着温度的升高，NO_x的生成速率按指数规律迅速增加。所以当温度超过1500℃时，温度才对NO_x的生成量具有明显影响，而在温度低于1300摄氏度时，几乎不计热力型NO_x的生成量。温度在1500℃附近变化时，温度每升高100℃，反应速率将增大6~7倍。因为温度对这种NO_x的生成具有决定性作用，故称为热力型NO_x。

（2）燃料型NO_x是燃料中含有氮化物在燃烧过程中氧化而生成的，主要是燃料燃烧的初始阶段生成。对于大型煤粉锅炉，NO_x主要包括热力型NO_x和燃料型NO_x。燃料型NO_x约占全部NO_x的75%~95%，但其生成机理尚无完全定论。

（3）快速型NO_x是1971年弗尼摩尔通过实验发现的。当碳氢化合物燃料过浓燃烧时，在反应区附近会快速生成NO_x，它是先通过燃料燃烧时产生的CH原子团撞击N_2分子，生成CN类化合物，生成的中间反应产物N、CN、HCN再进一步被氧化而生成NO_x。对于煤粉燃烧而言，快速型NO_x与热力型和燃料型NO_x相比，其生成量少得多，一般占总NO_x生成量的5%以下。

6.1.5　烟尘的生成机理

燃料种类不同，燃烧生成烟尘的机理也不同。气体燃料的燃烧烟尘主要是由轻质碳氢化合物生成的。空气供应不足时，碳氢化合物受热发生热分解生成炭烟，称为气相析出型烟尘。进行扩散燃烧时，燃料与空气混合不良，碳氢化合物受到高温火焰的直接作用，容易生成炭烟。碳原子数多的燃料比较容易生成炭烟，如烃类和烯类生成炭烟的可能性比烷类更高。

液体燃料在燃料雾化不良、燃烧室温度较低的情况下燃烧时，容易生成含油性较大的烟尘，其中不仅有热分解生成的重碳组分，还包括尚未燃烧的燃料，称为剩余型烟尘，俗称油灰。燃料分子含碳越多，油灰的生成率越高。汽车尾气含有剩余型烟尘，对环境造成严重污染。

6.2 燃烧有害物的控制

6.2.1 CO 的控制

大气中的 CO 主要来源是内燃机排气，其次是锅炉中化石燃料的不完全燃烧，因此，在这里重点分析这两种情况的控制方法。

6.2.1.1 内燃机 CO 排放的控制

内燃机减少 CO 的排放主要从提高燃烧效率入手。

国际上目前正在研究发动机的新型燃烧方法，即无烟低火焰温度燃烧方法，燃烧温度控制在低于 1700K，采用高压共轨喷射方式配合小直径喷孔（$50 \sim 180\mu m$）形成质量非常好的喷雾，通过引入废气再循环 EGR 使缸内燃烧过程在缺氧条件下进行（氧含量 5%~8%），低于空气中 21%的氧含量。此种燃烧方式最大特点是各种工况下用一种燃烧方式而实现低污染燃烧，克服了目前 HCCI 发动机依靠两种燃烧方式的缺点（中小负荷采用 HCCI，大负荷采用 SI）。

6.2.1.2 锅炉 CO 排放的控制

目前锅炉燃烧优化控制存在的问题是如果过量空气系数 α 过大，将使得排烟热损失增大，且 NO_x 的排放量也将增加，反之，过量空气系数 α 过小，就会产生不完全燃烧热损失和黑烟。目前普遍采用的燃烧优化的思想就是基于最佳燃烧区，在该区域内锅炉的效率高，同时燃烧引起的 NO_x 和 SO_x 较小、飞灰含碳量较小、排烟温度低。就燃烧控制而言，在负荷、煤种等工况改变的情况下，如果仍能将燃烧控制在该区域内就可实现燃烧优化。

目前锅炉燃烧控制通过参照尾部烟道含量来修正总风量，以达到较低的排烟温度和飞灰可燃物。送风控制其实质就是保证炉膛内煤粉能够充分燃烧释放热量，同时又避免风量太大导致排烟热损失增加，而衡量这一燃烧标准的指标通常选取位于锅炉尾部烟道省煤器之后的氧量测量装置，只要保证氧量稳定，就可使燃料稳定在过剩空气系数下燃烧。但是，通过氧量在线检测燃烧，也存在着其缺陷，一是氧量不能反映炉内煤粉和空气混合状况的好坏，即使氧量足够，若混合不好等原因，也会使不完全燃烧损失增大；二是仪表的氧量读数与实际值有误差，甚至有相当大的误差；三是在煤种突变时，氧量设定值不易把握，经常会出现氧量设定值偏高或偏低的现象发生，影响控制效果。当炉内局部区域运行在低于化学当量配风时，即只有当烟气中的过量空气系数接近于 1 时，才会产生较多的 CO（>100ppm），在此范围较小的氧量波动会导致 CO 指数级增长。在大型锅炉炉膛内，燃料/空气比率及其分布不可能十分完善，也不可能靠一般的炉内混合过程来纠正这种不均匀状态，因此对于炉内这种局部缺氧现象用烟气中的 CO 监测技术予以检测是非常有必要的，而检测省煤器出口平均氧量对此则是无能为力的。

CO 优化控制原理基于 CO 控制的锅炉运行优化系统是在对烟道中 CO 精确在线测量的基础上，结合锅炉性能试验及优化控制逻辑而完成的。以性能试验获得最佳 CO 排放量以获得最佳燃烧模型，以试验模型为调试基础，采用 CO 在线监测系统的精确测量，快速对风量进行调节，达到优化控制的目的。当过量空气增加超过所需的合理配比数值，CO 数值几乎保持为一较低的不变值。当没有足够的氧量供完全燃烧时，CO 浓度很快上升，过量空气系数减少。通过调整燃烧，能使 CO 量保持在刚好高于最低值（典型值 100~200ppm），此时锅炉效率达到最优。

6.2.2 炭黑的控制

最近的一项研究发现，炭黑是目前仅次于二氧化碳的导致全球变暖的第二大因素。幸运的是，炭黑在大气中停留的时间较短，通常只停留几天到数周。炭黑是高度致使气候变暖的介质，并对包括北极在内的地区产生有害的局部影响。它会加剧沙漠化和洪水泛滥，加速冰原和冰川的融化，扰乱季风季节，并导致每年成百上千的死亡和许多负面的健康影响。当大多数的悬浮微粒通过反射阳光达到全球变凉的效果时，炭黑却在吸收阳光，使周围空气的温度升高，从而导致局部升温和气候变化。即使炭黑没有与其他悬浮微粒一起排放，它也会与之混合，这样就掩饰了它降低反射的负面作用。因此，即使其他的悬浮微粒仍然存在于大气的棕色云团里，把减少炭黑排放作为目标也是很重要的。炭黑厂是炭黑的主要来源地之一，所以想要控制炭黑的产生，主要是控制炭黑厂过滤机器的效率。

6.2.3 硫氧化物的控制

硫氧化物是大气的主要污染物之一，是无色、有刺激性臭味的气体，它不仅危害人体健康和植物生长，而且会腐蚀设备、建筑物和名胜古迹。它主要来自含硫燃料的燃烧、金属冶炼、石油炼制硫酸(H_2SO_4)生产和硅酸盐制品焙烧等过程。废气中的硫氧化物主要有二氧化硫(SO_2)和三氧化硫(SO_3)，全世界每年向大气排放的 SO_2 约为 1.5 亿吨，SO_3 只占硫氧化物总量中的很小部分，排至大气的 SO_2 可缓慢地被氧化成 SO_3，其数量取决于氧对 SO_2 的氧化速度。所以对于硫氧化物的治理以及防护也是重中之重。下面介绍几种在工业中常见的硫氧化物控制方法。

（1）石灰粉吹入法

将石灰石($CaCO_3$)粉末吹入燃烧室内，在 1050℃ 高温下，$CaCO_3$ 分解成石灰，并和燃烧气体中的 SO_2 反应生成 $CaSO_4$。$CaSO_4$ 和未反应的 CaO 等颗粒由集尘装置捕集。吹入的石灰石粉通常为化学计量的 2 倍。此法脱硫率约为 40%～60%。

（2）活性炭法

用多孔粒状、比表面积大的活性炭吸附烟气中 SO_2。由于催化氧化吸附作用，SO_2 生成的硫酸附着于活性炭孔隙内。从活性炭孔隙脱出吸附产物的过程称为脱吸（或解吸）。用水脱吸法可回收浓度为 10%～20% 的稀硫酸；用高温惰性气体脱吸法可得浓度为 10%～40% 的 SO_2；用水蒸气脱吸法可得浓度为 70% 的 SO_2。

（3）活性氧化锰法

用粉末状的活性氧化锰($MnO_x \cdot nH_2O$)在吸收塔内吸收烟气中的 SO_2。在这一过程中，有部分 $MnO_x \cdot nH_2O$ 生成硫酸锰($MnSO_4$)。$MnSO_4$ 同泵入氧化塔内的 NH_3（氨）和空气中的 O_2 作用，再生成 $MnO_x \cdot nH_2O$，可循环使用。

（4）氨吸收法

用氨水吸收烟中的 SO_2，生成亚硫酸铵和亚硫酸氢铵(NH_4HSO_3)。此法最早用于冶炼烟气脱硫。因氨蒸气分压较高，在脱硫过程中，氨会有损失，当吸收液在 50℃、pH 值大于 6 时，吸收液中的 NH_4SO_3 和 NH_4HSO_3 易生成微粒状白烟；当 pH 值小于 6 时，白烟消失，NH_3 的损失减小，但 SO_2 的吸收率降低。为提高吸收率，应不断补给氨水以控制吸收液的 pH 值在 6 左右。NH_3 法吸收生成的 $(NH_4)_2SO_3$ 和 NH_4HSO_3。对吸收 SO_2 后的吸收液采用不同的处理方法，可回收不同的副产物。

（5）石灰石或石灰乳吸收法

以 $CaCO_3$ 粉末和 $Ca(OH)_2$ 为吸收剂脱去烟气中的 SO_2，副产物为 $CaSO_4 \cdot 2H_2O$。石灰乳吸收法对 SO_2 的吸收效率取决于吸收液的 pH 值和吸收时液气比。如吸收液 pH 值近于 6，液气比大于 4，脱硫率达 90% 以上。石灰乳浓度通常为 5%~15%，石灰乳浓度增高，吸收速度降低。

6.2.4 氮氧化物的控制

氮氧化物给环境带来了许多严重的问题，比较严重的是酸雨。

氮氧化物包括多种化合物，如一氧化二氮、一氧化氮、二氧化氮、三氧化二氮、四氧化二氮和五氧化二氮等。除二氧化氮以外，其他氮氧化物均极不稳定，遇光、湿或热变成二氧化氮及一氧化氮，一氧化氮又变为二氧化氮。因此，职业环境中接触的是几种气体混合物常称为硝烟，主要为一氧化氮和二氧化氮，并以二氧化氮为主。氮氧化物都具有不同程度的毒性。

工业中主要使用还原剂（氨气、尿素、烷烃等）与氮氧化物发生化学反应中和掉氮氧化物，工艺主要有选择性催化还原法（SCR）和选择性非催化还原法（SNCR）等。

a. 选择性催化还原法

在 SCR 脱硝过程中，通过加氨可以把 NO_x 转化为空气中天然含有的氮气和水，其主要的化学反应如下：

$$4NO+4NH_3+O_2 \longrightarrow 4N_2+6H_2O$$
$$6NO+4NH_3 \longrightarrow 5N_2+6H_2O$$
$$6NO_2+8NH_3 \longrightarrow 7N_2+12H_2O$$
$$2NO_2+4NH_3+O_2 \longrightarrow 3N_2+6H_2O$$

在没有催化剂的情况下，上述化学反应只在很窄的温度范围内（850~1100℃）进行，采用催化剂后使反应活化能降低，可在较低温度（300~400℃）条件下进行。而选择性是指在催化剂的作用和氧气存在的条件下，NH_3 优先与 NO_x 发生还原反应，而不和烟气中的氧进行氧化反应。目前国内外 SCR 系统多采用高温催化剂，反应温度在 315~400℃。

b. 选择性非催化还原法

选择性非催化还原法技术是一种不用催化剂，在 850~1100℃ 范围内还原 NO_x 的方法，还原剂常用氨或尿素，最初由美国的 Exxon 公司发明并于 1974 年在日本成功投入工业应用，后经美国 FuelTech 公司推广，目前美国是世界上应用实例最多的国家。其主要原理是：

$$(NH_2)_2CO \longrightarrow 2NH_2+CO$$
$$NH_2+NO \longrightarrow N_2+H_2O$$
$$2CO+2NO \longrightarrow N_2+2CO_2$$

选择性非催化还原法技术目前还不是很成熟，温度、还原剂类型都会对其产生很大的影响。

6.2.5 烟尘的控制

由于氧化、升华、蒸发的冷凝的热过程中形成的悬浮于气体中的固体微粒称为烟尘。如转炉烟气中就含有大量极细微的烟尘。沙化严重的地区被大风一吹就会卷起很大的烟尘风暴。

（1）生物纳膜抑尘技术

生物纳膜是层间距达到纳米级的双电离层膜，能最大限度增加水分子的延展性，并具有强电荷吸附性，将生物纳膜喷附在物料表面，能吸引和团聚小颗粒粉尘，使其聚合成大颗粒状尘粒，自重增加而沉降，该技术的除尘率最高可达 99% 以上，平均运行成本为 0.05~0.5 元/吨。

（2）云雾抑尘技术

是通过高压离子雾化和超声波雾化，可产生 1~100μm 的超细干雾，超细干雾颗粒细密，充分增加与粉尘颗粒的接触面积，水雾颗粒与粉尘颗粒碰撞并凝聚，形成团聚物，团聚物不断变大变重，直至最后自然沉降，达到消除粉尘的目的；所产生的干雾颗粒，30%~40% 粒径在 2.5μm 以下，对大气细微颗粒污染的防治效果明显。

（3）湿式收尘技术

通过压降来吸收附着粉尘的空气，在离心力以及水与粉尘气体混合的双重作用下除尘，独特的叶轮等关键设计可提供更高的除尘效率。

6.3 煤炭燃烧的大气污染

煤炭资源是我国能源的重要组成部分，它是我国工业生产中必不可少的要素，在我国工业生产中起着至关重要的作用。随着煤炭资源越来越多被应用于日常生产中，煤炉燃烧造成二氧化硫的排放量增加，对大气造成严重的污染。同时，燃烧过程中的其他大量有害物质导致城市空气质量的恶化。煤炭燃烧造成的大气污染问题已经成为我国经济发展的制约因素。我国的能源结构以煤为主，煤燃烧是煤炭利用的主要方式。据调查，我国每年有大约 8 亿吨煤炭被直接用于燃烧，占总煤耗的 84%。煤炭燃烧过程中排放的大量有害物质也造成了城市空气质量的恶化和大规模的酸沉降，对环境造成严重的污染。各大城市环境监测数据表明，工业与民用直接燃煤排放的二氧化硫和粉尘是造成城市大气污染的重要原因。我们应该改善煤炭燃烧现状，减少我国大气污染。

很多工厂在工业生产过程中用煤炭燃烧作为设备运作的动力。水泥厂、化工厂、热电厂等在煤炭的燃烧和生产过程中会排放出大量的煤烟、粉尘等造成大气的污染。部分地区，由于工厂密集、污染物排放量大，对大气造成了严重的影响。在大气污染过程中，人们过多的重视干旱、洪涝、温室效应、沙漠化等自然灾害，却忽视了煤气燃烧对大气污染的贡献。随着经济的发展和社会工业化的进程，煤炭的需求量越来越大，我国目前的发电主要以煤、石油、天然气等为动力，造成我国煤炭资源消耗量大这一现状。在煤炭燃烧过程中出现的二氧化碳、二氧化硫、粉尘等污染物，也对空气造成了严重的污染。煤炭燃烧不仅严重影响空气质量，而且也破坏了生态环境。

6.3.1 煤炭燃烧造成大气污染的原因

（1）煤炭在能源中的占比高

我国煤炭资源丰富，但是能源发展水平比较低。大量的煤炭资源被用于工业燃烧和人们的日常生活中。特别是工业用煤的燃烧是造成大气污染的直接原因。

（2）燃煤技术落后，效率低

我国工业用煤比例比较大，主要以工业锅炉燃煤为主，锅炉燃煤对大气污染尤为严重，在很大程度上造成了煤炭利用过程中的高污染和低效率。但是，随着人们节能意识的加强，煤炭燃烧污染逐渐受到了人们的关注。虽然我国的煤炭污染有所下降，但燃煤技术和设备仍然比较落后，相关部门应该加大改革力度。

（3）动力煤质量差

研究表明，动力煤燃烧过程中，煤中含硫的平均释放率为90%，我国商品煤的平均硫分约1.01%，平均灰分为23.85%。动力煤在我国煤炭资源中的占比相对比较高。

6.3.2　煤炭燃烧的大气污染相关治理策略

目前，我国燃煤污染控制技术存在很多的问题。主要是国内的耗能中小企业多而分散。而我国偏重于末端治理的污染控制策略在实施中难度较大，设备资金投入巨大，给企业带来较大负担。所以在实施时应考虑目前的实际承受能力。同时，企业用水负担重，日常运行费用较高。针对我国目前存在的问题，在煤炭燃烧污染治理方面，应该多角度挖掘减少燃煤污染潜力的途径。

第一，以新能源使用为主，减少煤炭燃烧。煤炭、石油、天然气等化石燃料是我国目前经济发展必不可少的基础能源。我国是煤炭生产大国，同时也是能源的消耗大国，导致能源使用过程中出现各种各样的问题。当前的煤炭生产和使用已经不能满足人们日常生活的需求，对环境也产生了严重的影响。相关部门应该加大新能源的开发力度，投入人力和物力，开发清洁能源和可再生能源。如风能、太阳能、地热能等。也可以把农作物秸秆应用于日常的生产中去，减少煤炭的燃烧。

第二，大力开展煤气化、液化、制水煤浆等煤炭转化工作，减少原煤及低品质煤的直燃比例，提高气、液化转换比例，增加高品质能源比重。从长远来看，改善大气污染的必要措施是采用燃油、燃气等高品质能源。我国目前的能源结构处于富煤、贫油、少气状态。因此煤炭转化工作符合我国能源结构的长远发展要求。

第三，开发洁净煤技术。面对我国煤炭资源对大气造成污染的困境，政府应该加大整治力度。在煤炭的开发利用过程中，采用洁净煤技术，减少煤炭对大气的污染。如：煤炭运输、加工、烟气净化等。政府出具相关政策限制煤炭的开采，并对煤炭进行洗选加工，脱除黄铁矿中大部分的硫，煤炭燃烧过程中实现炉内脱除固硫、烟气净化脱硫等。推广固硫型煤、洁净配煤技术。此外也应考虑开发混烧技术，将这些材料与原煤混合制成生物质型煤。

第四，综合治理和防治。政府应该加大对环境的管控力度。企业也应该从长远的角度来关注自身的生存和发展，在日常的能源利用过程中做到节能减排，并注重开发新能源。把环保理念应用于日常的工业生产中去，减轻煤炭燃烧对大气的污染。

6.4　国外发达国家的防治对策

6.4.1　美国大气污染防治对策

20世纪70年代末，美国先后颁布并实施了《国家环境政策法》《清洁空气法》，并在1977年和1990年进行了重大修改。通过采取大气污染防治对策，达到国家空气质量标准（NAAQS）。

（1）设定技术标准

清洁空气计划要求采用"最佳可用控制技术（BACT）"来控制排放。控制技术应根据具体情况，结合能源、环境及经济影响和其他成本因素来评估生产过程的应用、可行性方法、系统和技术，并加强对专利、发明等知识产权的保护，推进国家标准化的研究制定。

（2）许可证制度

1990 年前的《清洁大气法》只要求新污染源领取许可证。1990 年的修正案要求各州在 1991 年后必须按照联邦环保局有关许可证条例的规定，制定和实施包括所有空气污染源的许可证规划，目的是把适应于每一污染源的所有联邦和州的管理规定都纳入一个许可文件中。污染源可以在联邦环保局认可州许可证规划之后的一年中，提交许可证申请，许可证由州的有关局发放，但联邦环保局有权审查。为了满足许可证规定的要求，污染源必须安装排放控制装置和监测排放的系统。

（3）研发与示范

美国政府重视环保技术的产业化进程，鼓励企业、科研院校和政府间的研发合作，将环保相关技术和产品的开发和商业化融为一体。20 世纪 90 年代，对环保技术的开发在技术示范、场地提供、申请许可的审批等方面给予支持。然而，早期因缺少经验，并没有对技术商业化进行评估，导致美国政府每年提供的 17 亿美元的 R&D 经费不能很好地利用。因此，EPA 在其产业化进程中对新技术的试验、示范、评估等每一个关键节点都有明确的目标评估。同时，国家技术委员会制定了一系列加强政府与学术界、产业界的知识创新和技术开发的计划，由科技与创新构成美国产业结构的基础。

（4）环境税

环境税激励技术创新，并使技术更好地达到标准。如：损害臭氧的化学品消费税、汽油税、开采税、固体废弃物处理税、二氧化硫税、环境收入税等，还有较多的环境税收优惠政策。例如，为了鼓励企业安装环保设施，安装节能设备的公司或企业可享受税收抵减优惠。这些政策对技术创新性的影响，很难判定其深远意义。

（5）财政支持

对创新方案并超前达到环境标准的早期技术研发者，给予奖励。例如，一家 24h 电力供应公司与电力科学研究院、EPA 和能源部合作，开展电冰箱制造商之间的竞赛，给达到未来美国联邦能源标准和其他标准（不包括 CFC 的使用）的奖金为 3000 万美元。目前，美国 EPA 针对清洁空气技术还在继续推行"清洁空气优秀奖"，并有针对社区行动、宣传教育、法规政策创新和高效交通创新等的分类奖。

6.4.2　欧盟大气污染防治对策

欧洲各国针对大气污染物的跨界输送问题，签署了一系列跨国协议，这些协议规定了一定期限内各国的硫氧化物、氮氧化物等跨国输送的大气污染物削减量。1979 年在联合国欧洲经济委员会支持下，欧盟各国签署了远距离跨国界空气污染条约；1985 年在芬兰赫尔辛基签署了第一硫协议，对硫的排放进行了限制；1994 年签署的第二硫协议（奥斯陆协议）第一次在生态系统的沉降方面制定了若干方法以减少实际沉降和临界沉降量之间的差距，协议形成了国家排放减少约定，不同国家的约定不同；1999 年的 Gothenburg 协议针对硫、氮氧化物、氨和有机挥发物的排放制定了 2010 年的排放限制。20 年间欧洲空气污染控制的国际合作在减少排放和改进环境质量方面作用明显，1980 年到 1996 年欧洲二氧化硫排放量从 6000 万吨减少到 3000 万吨。根据 Gothenburg 协议，欧洲的硫排放在 2010 年前再减少 50%。欧洲空气污染控制的下一步将继续对烟雾和细颗粒采取措施。

6.5 国外大气污染防治技术应用状况

6.5.1 美国大气污染源最佳可行控制技术(BACT)

美国针对固定源大气污染的控制策略包括运行许可证制度、基于最佳控制技术的排放标准体系、大力发展清洁能源及节能技术、未达标地区的新源审查制度、实施污染物排放交易、推行多项经济激励措施等。通过实施各种计划、标准、制度，辅以灵活的经济措施，美国的能源结构和工业结构逐步趋于清洁化。

美国现有的空气质量排放标准遵循"技术强制"原则，根据污染物类别的不同，新源和现源的不同，依据不同水平的生产工艺和污染控制技术制定了宽严程度不同的排放标准。新建源采用"最佳可行控制技术"(BACT)，对现有源采用"最佳可行改造技术"(BARCT)。BACT是通过生产工艺和可行的方法及技术最大限度地减少每种污染物的排放量，其着眼于能源、环境及经济的综合影响，是基于最大可能减排量的一种排放限制手段。

(1) 电力、热力行业

美国要求所有的新建源应采用最佳可行控制技术(BACT)，控制最为严格的是加州南海岸空气管理区，对燃油/燃气内燃机、燃气汽轮机、小型工业/商业/机关锅炉和加热设备、家用小型燃气供暖设备、餐馆燃烧设施、商业炭烤设施和未列入 RECLAIM 计划的烤箱、烘干机、窑炉等固定排放源均有明确的要求。如针对燃气锅炉、燃气轮机，通过燃烧控制(分级燃烧、烟气再循环、表面燃烧)、低氮燃烧器(LNB)或超低氮燃烧器使用、SCR/SNCR 等技术实现 NO_x 减排；固定式内燃机采用机前处理(如对进入内燃机缸内的燃料或空气作有利于减少排放生成的预处理)、机内净化(如改善燃烧过程、优化燃烧系统、改进燃料供给系统、采用增压技术、实施电子控制)、机后处理(如催化反应、三元催化转换、热氧化反应、微粒过滤、静电除尘)对 HC、CO、NO_x 进行控制。

另外，加州的南海岸空气质量管理区(AQMP)在燃料控制以及排放监管等方面也提出了相应要求：①制定天然气燃料规范，提高天然气的品质；②强化监测系统建设，保证达标排放。

(2) 石油及化工行业

美国的石油炼制工业现执行《炼油厂——催化裂化、催化回用及硫回收单元有害空气污染物排放标准》(NESHAP-subpart UUU)和《炼油厂新源排放标准》(NSPS-J/JA)。《炼油厂——催化裂化、催化回用及硫回收单元有害空气污染物排放标准》曾多次修订，不断收严其有害大气污染物排放标准。《炼油厂新源排放标准》(NSPS-J/JA)于 2008 年 6 月 24 日正式生效。

(3) 钢铁、冶金与铸造行业

冶金及铸造行业的主要污染物为颗粒物、SO_x、NO_x 及 VOCs 等。美国 RBLC 数据库针对冶金、铸造行业的不同工艺环节以及不同污染物类型分别给出了最佳可行以及合理可行的控制技术，行业涉及铸钢加工业、铸铁加工业、铁合金生产、铸造等，工艺环节包括电弧炉、感应电炉、钢包冶金、铸造及浇注、制芯、熔渣处理、干燥机、预热装置等炼钢车间操作等。多采用袋式除尘器、湿式电除尘器对颗粒物进行控制；采用过程控制及末端治理方式控制 SO_2 及 NO_x 排放。

6.5.2 欧盟大气污染源最佳可行技术(BAT)

欧盟的固定源污染控制主要是实施污染预防与控制指令(IPPC 指令),建立协调一致的、一体化的工业污染防治系统。指令要求成员国建立并制订排放限值,推广基于最佳可行技术(BAT)的许可制度;欧盟依据 IPPC 制订了一些行业的最佳可行技术参考文件,要求企业优先达到文件规定的排放限值,以此作为发放排污许可证的依据,同时也要满足欧盟其他相关指令的最低要求。

(1)大型火电厂

针对额定热输入超过 50MW 的燃烧装置,欧盟给出了治理各类污染物的最佳可行技术。在去除 SO_2 方面,采用湿法石灰石石膏脱硫;海水法脱硫;喷雾干燥法烟气脱硫(半干法脱硫);干法脱硫(如炉膛喷射吸收剂、管道喷射吸收剂、混合喷射吸收剂);烟气循环流化床脱硫;亚硫酸钠、亚硫酸氢钠法、烟气脱硫;氧化镁脱硫工艺。去除 NO_x 方面,采用分级燃烧(炉内空气分级燃烧、燃料分级燃烧)、烟气再循环、减少空气预热、低 NO_x 燃烧器等控制技术;去除颗粒物方面,采用静电除尘器、湿式电除尘器、袋式除尘器、旋风除尘器、湿法除尘器进行烟粉尘末端治理。

(2)钢铁、冶金与铸造行业

冶金及铸造行业的主要污染物包括颗粒物、SO_x、NO_x 以及 VOCs 等。欧盟针对冶金、铸造行业的不同工艺环节以及不同污染物类型分别给出了最佳可行控制技术。如在钢铁烧结工艺中,通过降低烧结料中的挥发性碳氢化合物含量、顶层烧结控制 VOCs 排放;在烧结混合料中添加含氮化合物,抑制二噁英形成;采用低含氮燃料、烟气再循环、低 NO_x 燃烧器、SCR/SNCR 对 NO_x 进行控制。铸造工艺中,对铸造和成型车间进行真空清洗、使用自动卷帘系统、严格控制工艺过程粉尘等方法对颗粒物排放进行预防,并采用旋风器、织物或袋式过滤器、湿式洗涤器对颗粒物进行去除。

煤炭燃烧管控工作已成为当前大气污染治理的重点工作之一,加强能源结构调整,做好煤炭替代是一项长期艰巨的任务,其在短时期内不能完全实现。煤炭燃烧治理应借鉴国内外好的经验,做好谋划,摸清底数,综合施策有效减少煤炭燃烧污染物排放,将其作为实现空气质量持续改善的有效手段。

作 业 题

1. 燃烧造成了哪些大气污染?治理大气污染有何重要意义?
2. 试述烟尘的生成机理及防治措施。
3. 简述硫的氧化物生成机理及防治措施。
4. 试述氮的氧化物生成机理及防治措施。
5. 美国及欧盟在防治燃烧污染方面有哪些政策及措施?

附表 1 气体平均比热容

kJ/(m³·℃)

K	℃	CO₂	N₂	O₂	H₂O	干空气	CO	H₂	H₂S	CH₄	C₂H₄
273	0	1.6204	1.3327	1.3076	1.4914	1.3009	1.3021	1.2777	1.5156	1.5558	1.7669
373	100	1.7200	1.3013	1.3193	1.5019	0.3051	1.3021	1.2896	1.5407	1.6539	2.1060
473	200	1.8079	1.3030	1.3369	1.5174	1.3097	1.3105	1.2979	1.5742	1.7669	2.3280
573	300	1.8808	1.3080	1.3583	1.5379	0.3181	1.3231	1.3021	1.6077	1.8925	2.5289
673	400	1.9436	1.3172	1.3796	1.5592	1.3302	1.3315	1.3021	1.6454	2.0223	2.7215
773	500	2.0453	1.3294	1.4005	1.5831	1.3440	1.3440	1.3063	1.6832	2.1437	2.8932
873	600	2.0592	1.3419	1.4152	1.6078	1.3583	1.3607	1.3105	1.7208	2.2693	3.0481
973	700	2.1077	1.3553	1.4370	1.633.8	1.3725	1.3733	1.3147	1.7585	2.3824	3.1905
1073	800	2.1517	1.3683	1.4529	1.6601	1.3821	1.3901	1.3189	1.7962	2.4954	3.3412
1173	900	2.1915	1.3817	1.4663	1.6865	1.3993	1.4026	1.3230	1.8297	2.5959	3.4500
1273	1000	2.2266	1.3938	1.4801	1.7133	1.4118	1.4152	1.3273	1.8632	2.6964	3.5673
1373	1100	2.2593	1.4056	1.4935	1.7397	1.4236	1.4278	1.3356	1.8925	2.7843	
1473	1200	2.2886	1.4065	1.5065	1.7657	1.4347	1.4403	1.3440	1.9218	2.8723	
1573	1300	2.3158	1.4290	1.5123	1.7908	1.4453	1.4487	1.3524	1.9469		
1673	1400	2.3405	1.4374	1.5220	1.8151	1.4550	1.4613	1.3608	1.9721		
1773	1500	2.3636	1.4470	1.5312	1.8389	1.4642	1.4696	1.3691	1.9972		
1873	1600	2.3849	1.4554	1.5400	1.8619	1.4730	1.4780	1.3775			
1973	1700	2.4042	1.4625	1.5483	1.8841	1.4809	1.4864	1.38859			
2073	1800	2.4226	1.4705	1.5559	1.9055	1.4889	1.4947	1.3942			
2173	1900	2.4393	1.4780	1.5638	1.9253	1.4960	1.4890	1.3983			
2273	2000	2.4552	1.4851	1.5714	1.9449	1.5031	1.5073	1.4067			
2373	2100	2.4699	1.4914	1.5743	1.9633	1.5094	1.5115	1.4151			
2473	2200	2.4837	1.4981	1.5851	1.9813	1.5174	1.5198	1.4235			
2573	2300	2.4971	1.5031	1.5923	1.9984	1.5220	1.5241	1.4318			
2673	2400	2.5097	1.5085	1.5590	2.0148	1.5274	1.5284	1.4360			
2773	2500	2.5214	1.5144	1.6057	2.0307	1.5341	1.5366	1.4445			

附表 2 可燃气体的主要热工特性

气体名称	符号	相对分子质量	密度/（kg/m³）	理论空气需要量/（m³/m³）	理论燃烧产物生成量/（m³/m³）		发热量/（kJ/m³）		燃烧温度/℃	干燃烧产物中CO₂最大含量/%
					湿	干	高	低		
一氧化碳	CO	28.01	1.25	2.38	2.88	2.88	12700	12700	2370	34.7
氢	H₂	2.02	0.09	2.38	2.88	1.88	12770	10800	2230	—
甲烷	CH₄	16.04	0.715	9.52	10.52	8.52	39900	36000	2030	11.8
乙烷	C₂H₆	30.07	1.341	16.66	18.16	15.16	69700	63800	2097	13.2
丙烷	C₃H₈	44.09	1.987	23.80	25.80	21.80	99100	91300	2110	13.8
丁烷	C₄H₁₀	58.12	2.70	30.94	33.44	28.44	128000	119000	2118	14.0
戊烷	C₅H₁₂	72.15	3.22	38.08	41.058	35.08	157913	146126	2118	14.2
乙烯	C₂H₄	28.05	1.26	14.28	15.28	13.28	63850	59500	2284	15.0
丙烯	C₃H₆	42.08	1.92	21.42	22.92	19.92	91900	86000	2224	15.0
丁烯	C₄H₈	57.10	2.50	28.56	30.56	26.56	121000	114000	2203	15.0
戊烯	C₅H₁₀	70.13	3.13	35.70	38.30	33.20	150700	140900	2189	15.0
甲苯	C₆H₆	78.11	3.48	35.70	37.20	34.20	146294	140390	2258	17.5
乙炔	C₂H₂	27.04	1.17	11.90	12.40	11.40	58000	56000	2620	17.5
硫化氢	H₂S	34.08	1.52	7.14	4.64	6.64	25700	23100		15.1

参 考 文 献

[1] 张松寿，童正明，周文铸．工程燃烧学[M]．北京：中国计量出版社，2008．

[2] 赵钦新，惠世恩．燃油燃气锅炉[M]．西安：西安交通大学出版社，2000．

[3] 陈敏，于景坤，王楠．耐火材料与燃料燃烧[M]．沈阳：东北大学出版社，2005．

[4] 王秉铨．工业炉设计手册[M]．北京：机械工业出版社，1996．

[5] 韩昭沧．燃料及燃烧[M]．2版．北京：冶金工业出版社，1994．

[6] 常宏哲，张永康，沈际群．燃料与燃烧[M]．上海：上海交通大学出版社，1993．

[7] 顾恒祥，张青藩，王洪铭，等．燃料与燃烧[M]．西安：西北工业大学出版社，1993．

[8] 李卫东，罗正辉．燃油燃气锅炉结构设计及图册[M]．西安：西安交通大学出版社，2002．

[9] 胡震岗，黄信仪．燃料与燃烧概论[M]．北京：清华大学出版社，1995．

[10] 李芳．煤的工业分析过程及其意义探讨[J]．煤矿现代化，2015，(6)：134-135．

[11] 聂晓飞，王峰．煤的工业分析过程及意义[J]．能源技术与管理，2012，(1)：125-127．

[12] 杨永坤．煤的工业分析过程及意义研究[J]．价值工程，2014，(1)：46-47．

[13] 岑可法，姚强，骆仲泱，等．高等燃烧学[M]．杭州：浙江大学出版社，2002．

[14] 许晋源，徐通模．燃烧学[M]．北京：机械工业出版社，1990．

[15] 徐旭常，毛健雄，曾瑞良．燃烧理论与燃烧设备[M]．北京：机械工业出版社，1988．

[16] 钱申贤．燃气燃烧原理[M]．北京：中国建筑工业出版社，1989．

[17] 薄宗昭．关于气体燃料燃烧技术发展的研究[J]．工业炉，1986，3(2)：13-18．

[18] 俞建洪，郭祥冰．气体燃料对减缓CO_2排放的贡献[J]．江西能源，2002，4(3)：9-13．

[19] 徐通模，金定安，温龙．锅炉燃烧设备[M]．西安：西安交通大学出版社，1990．

[20] 何学良，李疏松．内燃机燃烧学[M]．北京：机械工业出版社，1990．

[21] 刘爱虢．气体燃料燃气轮机低排放燃烧室技术发展现状及水平[J]．沈阳航空航天大学学报，2018，35(4)：1-28．

[22] 曹玉春，焦森林．气体燃烧技术研究现状及进展[J]．广州化工，2010，38(6)：13-15．

[23] 徐通模，惠世恩．燃烧学[M]．2版．北京：机械工业出版社，2018．

[24] 郑锦荣，徐福缘．生物柴油开发技术与应用[M]．长沙：湖南科学技术出版社，2007．

[25] 钱伯章．生物乙醇及生物丁醇生物柴油技术开发及应用[M]．北京：北京科学出版社，2010．

[26] Pope S B. An explanation of the turbulent round-jet/plane-jet anomaly[J]. Aiaa Journal, 1978, 16(4): 279-281.

[27] 吴玉新，张建胜，岳光溪，等．用于Texaco气化炉同轴射流计算的不同湍流模型的比较[J]．化工学报，2007，(03)：537-543．

[28] Mi J, Li P, Dally B B, et al. Importance of initial momentum rate and air-fuel premixing on moderate or intense low oxygen dilution (MILD) combustion in a recuperative furnace[J]. Energy & Fuels, 2009, 23 (11): 5349-5356.

[29] Mi J, Li P, Zheng C. Numerical Simulation of Flameless Premixed Combustion with an Annular Nozzle in a Recuperative Furnace[J]. Chinese Journal of Chemical Engineering, 2010, 18(1): 10-17.

[30] Mi J, Li P, Zheng C. Impact of injection conditions on flame characteristics from a parallel multi-jet burner [J]. Energy, 2011, 36(11): 6583-6595.

[31] Li P, Wang F, Mi J, et al. MILD Combustion under Different Premixing Patterns and Characteristics of the Reaction Regime[J]. Energy & Fuels, 2014, 28(3): 2211-2226.

[32] Arghode V K, Gupta A K, Bryden K M. High intensity colorless distributed combustio n for ultra low emissions and enhanced performance[J]. Applied Energy, 2012, 92: 822-830.